"十四五"职业教育国家规划教材

数控铣(加工中心)技术训练

主 编 庄金雨
副主编 乙加敏 汤玲玲 沈剑峰
主 审 李友节

北京理工大学出版社
BEIJING INSTITUTE OF TECHNOLOGY PRESS

内 容 简 介

本书以"项目引领、理实一体化"的教学形式,结合数控铣床的加工工艺与编程技巧,介绍了数控铣床的编程与操作的基本技能。全书在内容安排上参照数控铣工、加工中心操作工国家职业标准,成系列按课题展开,考评标准具体明确,直观实用,可操作性强,做到深浅适当;语言上简明扼要、通俗易懂。重点向学生传授数控铣床编程与操作的基本知识和技能,同时培养学生在学习数控铣床中独立分析问题的能力。编写中充分考虑到数控技术教学的特点,从选材内容到实例分析都作了安排,做到内容浅显易懂、教学层次分明,重视实践技能的培养;通过大量的操作实例总结数控铣削(加工中心)操作编程的思路与方法。本书可作为高等院校、技工院校数控类、机械类、机电类专业的教学用书,适合于数控铣削加工操作实训教学使用,同时也适合从事数控铣削加工及相关行业的初学者。

版权专有　侵权必究

图书在版编目（CIP）数据

数控铣（加工中心）技术训练／庄金雨主编．－－北京：北京理工大学出版社,2020.8（2024.7 重印）
ISBN 978－7－5682－8782－1

Ⅰ.①数… Ⅱ.①庄… Ⅲ.①数控机床－铣床－程序设计－教材 ②数控机床－铣床－操作－教材 Ⅳ.①TG547

中国版本图书馆 CIP 数据核字（2020）第 134582 号

责任编辑：梁铜华　　**文案编辑**：梁铜华
责任校对：周瑞红　　**责任印制**：李志强

出版发行 ／ 北京理工大学出版社有限责任公司
社　　址 ／ 北京市丰台区四合庄路 6 号
邮　　编 ／ 100070
电　　话 ／ (010) 68914026（教材售后服务热线）
　　　　　　(010) 68944437（课件资源服务热线）
网　　址 ／ http://www.bitpress.com.cn

版 印 次 ／ 2024 年 7 月第 1 版第 4 次印刷
印　　刷 ／ 北京虎彩文化传播有限公司
开　　本 ／ 787 mm × 1092 mm　1/16
印　　张 ／ 12
字　　数 ／ 270 千字
定　　价 ／ 37.00 元

图书出现印装质量问题,请拨打售后服务热线,负责调换

江苏联合职业技术学院院本教材出版说明

江苏联合职业技术学院自成立以来,坚持以服务经济社会发展为宗旨、以促进就业为导向的职业教育办学方针,紧紧围绕江苏经济社会发展对高素质技术技能型人才的迫切需要,充分发挥"小学院、大学校"办学管理体制创新优势,依托学院教学指导委员会和专业协作委员会,积极推进校企合作、产教融合,积极探索五年制高职教育教学规律和高素质技术技能型人才成长规律,培养了一大批能够适应地方经济社会发展需要的高素质技术技能型人才,形成了颇具江苏特色的五年制高职教育人才培养模式,实现了五年制高职教育规模、结构、质量和效益的协调发展,为构建江苏现代职业教育体系、推进职业教育现代化做出了重要贡献。

我国社会的主要矛盾已经转化为人们日益增长的美好生活需要与发展不平衡不充分之间的矛盾,因此我们只有实现更高水平、更高质量、更高效益、更加平衡、更加充分的发展,才能全面实现新时代中国特色社会主义建设的宏伟蓝图。五年制高职教育的发展必须服从服务于国家发展战略,以不断满足人们对美好生活需要为追求目标,全面贯彻党的教育方针,全面深化教育改革,全面实施素质教育,全面落实立德树人根本任务,充分发挥五年制高职贯通培养的学制优势,建立和完善五年制高职教育课程体系,健全德能并修、工学结合的育人机制,着力培养学生的工匠精神、职业道德、职业技能和就业创业能力,创新教育教学方法和人才培养模式,完善人才培养质量监控评价制度,不断提升人才培养质量和水平,努力办好人民满意的五年制高职教育,为决胜全面建成小康社会、实现中华民族伟大复兴的中国梦贡献力量。

教材建设是人才培养工作的重要载体,也是深化教育教学改革、提高教学质量的重要基础。目前,五年制高职教育教材建设规划性不足、系统性不强、特色不明显等问题一直制约着内涵发展、创新发展和特色发展的空间。为切实加强学院教材建设与规范管理,不断提高学院教材建设与使用的专业化、规范化和科学化水平,学院成立了教材建设与管理工作领导小组和教材审定委员会,统筹领导、科学规划学院教材建设与管理工作,制定了《江苏联合职业技术学院教材建设与使用管理办法》和《关于院本教材开发若干问题的意见》,完善了教材建设与管理的规章制度;每年滚动修订《五年制高等职业教育教材征订目录》,统一组织五年制高职教育教材的征订、采购和配送;编制了学院"十三五"院本教材建设规划,组织18个专业和公共基础课程协作委员会推进了院本教材开发,建立了一支院本教材开发、编写、审定队伍;创建了江苏五年制高职教育教材研发基地,与江苏凤凰职业教育图书有限公司、苏州大学出版社、北京理工大学出版社、南京大学出版社、上海交通大学出版社等签订了战略合作协议,协同开发独具五年制高职教育特色的院本教材。

今后一个时期,学院将在推动教材建设和规范管理工作的基础上,紧密结合五年制高职教育发展新形势,主动适应江苏地方社会经济发展和五年制高职教育改革创新的需要,以学院 18 个专业协作委员会和公共基础课程协作委员会为开发团队，以江苏五年制高职教育教材研发基地为开发平台，组织具有先进教学思想和学术造诣较高的骨干教师，依照学院院本教材建设规划，重点编写和出版约 600 本有特色、能体现五年制高职教育教学改革成果的院本教材，努力形成具有江苏五年制高职教育特色的院本教材体系。同时，加强教材建设质量管理，树立精品意识，制订五年制高职教育教材评价标准，建立教材质量评价指标体系，开展教材评价评估工作，设立教材质量档案，加强教材质量跟踪，确保院本教材的先进性、科学性、人文性、适用性和特色性建设。学院教材审定委员会将组织各专业协作委员会做好对各专业课程（含技能课程、实训课程、专业选修课程等）教材出版前的审定工作。

本套院本教材较好地吸收了江苏五年制高职教育最新理论和实践研究成果，符合五年制高职教育人才培养目标定位要求。教材内容深入浅出，难易适中，突出"五年贯通培养、系统设计"专业实践技能经验的积累，重视启发学生思维和培养学生运用知识的能力。教材条理清楚、层次分明、结构严谨、图表美观、文字规范，是一套专门针对五年制高职教育人才培养的教材。

学院教材建设与管理工作领导小组
学院教材审定委员会
2017 年 11 月

序　言

2015年5月，国务院印发关于《中国制造2025》的通知，通知重点强调提高国家制造业创新能力，推进信息化与工业化深度融合，强化工业基础能力，加强质量品牌建设，全面推行绿色制造及大力推动重点领域突破发展等，而高质量的技能型人才是实现这一发展战略的重要途径。

为全面贯彻国家对于高技能人才的培养精神，提升五年制高等职业教育机电类专业教学质量，深化江苏联合职业技术学院机电类专业教学改革成果，并最大限度地共享这一优秀成果，学院机电专业协作委员会特组织优秀教师及相关专家，全面、优质、高效地修订及新开发了本系列规划教材，并配备了数字化教学资源，以适应当前的信息化教学需求。

本系列教材所具特色如下：

● 教材培养目标、内容结构符合教育部及学院专业标准中制定的各课程人才培养目标及相关标准规范。

● 教材力求简洁、实用，编写上兼顾现代职业教育的创新发展及传统理论体系，并使之完美结合。

● 教材内容反映了工业发展的最新成果，所涉及的标准规范均为最新国家标准或行业规范。

● 教材编写形式新颖，教材栏目设计合理，版式美观，图文并茂，体现了职业教育工学结合的教学改革精神。

● 教材配备相关的数字化教学资源，体现了学院信息化教学的最新成果。

本系列教材在组织编写过程中得到了江苏联合职业技术学院各位领导的大力支持与帮助，并在学院机电专业协作委员会全体成员的一致努力下顺利完成了出版任务。由于各参与编写作者及编审委员会专家时间相对仓促，加之行业技术更新较快，教材中难免有不当之处，敬请广大读者予以批评指正，在此一并表示感谢！我们将不断完善与提升本系列教材的整体质量，使其更好地服务于学院机电专业及全国其他高等职业院校相关专业的教育教学，为培养新时期下的高技能人才做出应有的贡献。

江苏联合职业技术学院机电协作委员会
2017年12月

前　言

数控技术是制造业实现自动化、柔性化和集成化的基础，是制造业提高产品质量和生产效率的重要手段。数控技术水平和数控机床保有量已经成为衡量一个国家机床工业和机械制造业水平的重要指标。随着数控机床的日益普及，企业急需大量能够熟练掌握数控机床编程、操作与维修的技术人才。

数控铣床的在数控技术应用中的作用日趋重要。基于当前经济社会对加工制造类人才的需要，根据教育强国、科技强国战略，加快建设制造强国，推动制造业高端化的要求；教材充分体现数控制造专业的最新发展方向。为了满足全面提高人才自主培养质量，着力造就拔尖创新人才，同时结合学校对于数控专业学生的培养目标和职业学校的具体特点；本书在编写过程中本着"有用、实用、够用"的原则，认真研究当前数控课程改革的新思想并结合目前学生实际情况作为本书编写的基础。在任务实施过程中，教师通过言传身教，将以劳动最光荣、劳动有价值、精益求精、严谨专注、持续创新等为核心的精神追求和体现，潜移默化地融于训练过程，实现润物无声的思政育人效果。

为贯彻落实党的二十大精神，本书采用了"项目引领、理实一体化"的教学形式，结合数控铣床的加工工艺与编程技巧，介绍了数控铣床的编程与操作的基本技能。全书在内容安排上参照数控铣工、加工中心操作工国家职业标准，成系列地按课题展开；考评标准具体明确，知识技能直观实用、可操作性强、深浅适当；语言上力求做到简明扼要、通俗易懂。本书重点向学生传授数控铣床编程与操作的基本知识和技能，同时培养学生在学习数控铣床中独立分析问题、解决问题的能力。

本书的教学时数为182学时，各校可以根据具体情况选择符合本校特点的课题进行训练。下表为课程教学时数建议（仅供参考）。

序号	项目	学时
1	项目一　外形轮廓加工	6
2	项目二　规则曲线加工	8
3	项目三　槽类工件加工	6
4	项目四　轮廓加工	8
5	项目五　倒圆、倒角加工	8
6	项目六　多边形工件加工	8
7	项目七　坐标变换类工件加工（一）	6

续表

序号	项目	学时
8	项目八 坐标变换类工件加工（二）	10
9	项目九 孔加工	30
10	项目十 变量编程加工	30
11	项目十一 自动编程加工	30
12	项目十二 综合训练（一）	8
13	项目十三 综合训练（二）	8
14	项目十四 综合训练（三）	8
15	项目十五 综合训练（四）	8
16	附录一 数控铣工试题库	
17	附录二 数控铣工国家职业标准	

本书由江苏省宿迁经贸高等职业技术学校庄金雨担任主编，江苏省宿迁经贸高等职业技术学校乙加敏、汤玲玲担任副主编，江苏省苏州工业园区工业技术学校李友节担任主审。江苏省宿迁经贸高等职业技术学校乙加敏编写了项目一、七；江苏省宿迁经贸高等职业技术学校陈大龙编写了项目四；江苏省宿迁经贸高等职业技术学校庄金雨编写了项目二、三、五、六、九至十五；江苏省宿迁经贸高等职业技术学校汤玲玲编写了项目八。

编者在编写过程中参考了大量的资料，并引用了其中一些内容，不能一一列举，在此向有关作者表示衷心感谢。

由于受经验、水平和时间所限，错漏在所难免，编者真诚希望各位同行对本书中的错误、缺点和不足之处进行批评指正。

编 者

目 录

项目一　外形轮廓加工 ·································· 1

项目二　规则曲线加工 ·································· 7

项目三　槽类工件加工 ·································· 13

项目四　轮廓加工 ······································ 19

项目五　倒圆、倒角加工 ································ 25

项目六　多边形工件加工 ································ 31

项目七　坐标变换类工件加工（一） ······················ 37

项目八　坐标变换类工件加工（二） ······················ 45

项目九　孔加工 ·· 51

项目十　变量编程加工 ·································· 94

项目十一　自动编程加工 ································ 112

项目十二　综合训练（一） ······························ 126

项目十三　综合训练（二） ······························ 132

项目十四　综合训练（三） ······························ 138

项目十五　综合训练（四） ······························ 144

附录一　数控铣工试题库 ································ 150

附录二　数控铣工国家职业标准 ·························· 170

参考文献 ·· 178

项目一　外形轮廓加工

一、任务目标

- 掌握与编程有关的基本指令
- 掌握数控铣床基本编程指令的使用方法
- 掌握简单的 G 指令及程序编程方法
- 了解安全文明操作机床的规程
- 激发学生的实习热情

二、任务资讯

外形轮廓加工是我们数控铣（加工中心）中常用的加工方法，也是我们学习的基础。外形轮廓加工常用的指令有 G00、G01、G02 和 G03，每种指令的编程方法有自己的特点。本次任务以图 1-1 为例，重点讲解外形轮廓加工中直线编程指令的运用。（注：在本次任务中不考虑刀具的半径问题）

选用合适的刀具加工如图 1-1 所示的工件，毛坯尺寸为 90 mm×90 mm×15 mm，加工深度为 5 mm，完成轮廓切削加工。

1）快速定位指令 G00

格式：G00　X＿　Y＿　Z＿。

功能：该指令命令刀具以点定位控制方式从刀具所在点到指定点。刀具对于工件以各轴预先设定的速度从当前位置快速地移动到程序段指定的目标点。G00 指令中快速移动的速度由机床参数"快速移动进给速度"对各轴分别加以设定，不能用 F 规定。G00 为模态指令。

2）带进给率的直线插补 G01

格式：G01 X＿　Y＿　Z＿　F＿。

功能：刀具以直线从起始点移动到目标坐标，按地址 F 下设置的进给速度运行；所有的坐标轴可以同时运行。G1 一直有效，直到被 G 功能组中其他的指令取代为止。G01 为模态指令。

▲ 图 1-1 规则图形外轮廓加工

三、任务实施

➢ 加工准备

（1）详细阅读工件图，并按照图纸检查坯料的尺寸。

（2）编制加工程序，输入程序并选择该程序。

（3）用平口虎钳装夹工件，伸出钳口 8 mm 左右，用百分表找正。

（4）安装寻边器，确定工件零点为坯料上表面的中心，设定可选择工件坐标系。

（5）选择合适的铣刀并对刀，设定加工相关参数，选择自动加工方式加工工件。

➢ 工艺分析及处理

1）工件图样分析

了解工件的材质、尺寸要求、形位公差、精度要求、加工形状（在毛坯为 90 mm × 90 mm × 15 mm 的长方体铝块上加工一个 80 mm × 80 mm × 5 mm 的长方体）。

2）加工工艺分析

（1）加工机床的选择。

（2）根据图纸要求选择合适的刀具和切削用量（v_c，f，a_p）；确定工件的加工路线、下刀点、切入点、退刀点，相关刀具卡和工序卡见表 1-1 和表 1-2。

▼ 表 1-1 刀具卡

刀具号	刀具名称	刀具规格	刀具材料
T1	面铣刀	φ63	涂层刀片
T2	立铣刀	φ12	高速钢
T3	立铣刀	φ8	高速钢

▼ 表1-2 工序卡

工步	工步内容	刀具号	主轴转速/ (r·min^{-1})	进给量/ (mm·min^{-1})	切削深度/ mm	切削余量/ mm
1	铣削上表面	T1	700	100	0.5	0
2	粗铣外轮廓	T2	800	150	5	0.2
3	精铣外轮廓	T3	1 200	200	5	0

如图1-2所示,由 A 点下刀,加工工件一圈后由 F 点抬刀。即:$A \to B \to C \to D \to E \to B \to F$。

▲ 图1-2 规则图形外轮廓加工顺序

(3)确定工件的加工顺序、铣削方式(顺铣、逆铣)和粗、精加工余量。

3)基点计算

根据图纸要求合理运用数学知识进行相关点的计算:

A(-40,-60) B(-40,-40)

C(-40,40) D(40,40)

E(40,-40) F(-60,-40)

原点 O(0,0)。

4)编写程序单

5)输入程序单

6)模拟、加工、检验

➤ 参考程序

G90 G17

M03 S1000   => 刀具正转,转速为900 r/min。

```
G00 X-40 Y-60；        => 刀具到达 A 点,用绝对值表示。
G01 Z-5 F100           => 刀具切入工件 5 mm,用绝对值表示。
G01 Y-40 F200；        => A → B,默认用绝对值表示。
Y40                    => B → C,默认用绝对值表示。
Y40                    => C → D,默认用绝对值表示。
Y-40                   => D → E,默认用绝对值表示。
X-40                   => E → B,默认用绝对值表示。
X-60                   => B → F,默认用绝对值表示。
G00 Z50                => 轮廓加工结束,刀具抬离工件 50 mm。
```

➢ 注意事项

(1) 使用寻边器确定工件零点时应采用碰双边法。
(2) 精铣时采用顺铣方法,以提高表面加工质量。
(3) 应根据加工情况随时调整进给开关和主轴转速倍率开关。
(4) 键槽铣刀的垂直进给量不能太大,约为平面进给量的 1/3 ~ 1/2。

四、任务评价

任务评价细则见表 1-3。

表 1-3 任务评价细则

项目	评分要素	配分	评分标准	检测结果	得分
编程 (20 分)	加工工艺路线制定	5	加工工艺路线制定正确		
	刀具及切削用量选择	5	刀具及切削用量选择合理		
	程序编写正确性	10	程序编写正确、规范		
操作 (30 分)	手动操作	10	对刀操作不正确扣 5 分		
	自动运行	10	程序选择错误扣 5 分； 启动操作不正确扣 5 分； f、v_c 调整不正确扣 2 分		
	参数设置	10	零点偏移设定不正确扣 5 分； 刀具半径补偿设定不正确扣 5 分		
工件质量 (30 分)	形状	10	有一处过切扣 2 分； 有一处残余余量扣 2 分		
	尺寸	16	每超 0.02 mm 扣 2 分		
	表面粗糙度	4	每降一级扣 1 分		

续表

项目	评分要素	配分	评分标准	检测结果	得分
工量刃具的使用与维护（10分）	常用工量刃具的使用	10	使用不当每次扣2分		
安全文明生产（10分）	正确执行安全技术操作规程，按企业有关的文明生产规定，做到工作地方整洁，工件、工具摆放整齐	10	严格执行制度、规定者满分，执行差者酌情扣分		
综合评价					

五、相关资讯

绝对值编程G90与增量值编程G91。

G90和G91指令分别对应绝对位置数据输入和增量位置数据输入。绝对值是以"程序原点"为依据来表示坐标位置的。增量值是以"前一点"为依据来表示两点间实际向量值的（包括距离和方向）。在同一程序中增量值与绝对值可以混合使用。

绝对值指令格式：G90 X__ Y__ Z__ 。

增量值指令格式：G91 X__ Y__ Z__ 。

【例】用G90、G91指令编程令刀具由原点按顺序向1，2，3点移动（图1-3）。

程序：

G90 G01 X20 Y15 F100

G01 X40 Y45 F100

G01 X60 Y25 F100

G0 X0 Y0

▲图1-3 刀具移动顺序

➤ 模态指令

模态指令又称续效指令，一经程序段指定，便一直有效，直到以后程序中出现同组另一指令或被其他指令取消才失效。编写程序时，与上段相同的模态指令可以省略不写，不同组模态指令编写在同一程序段内不影响其续效。

➤ 非模态指令

非模态指令又称非续效指令，仅在出现的程序段有效。

六、练习与提高

用 φ6 的刀具铣图 1-4 所示"X，Y，Z"工件，试编程。

设程序启动时刀心位于工件坐标系的（0，0，300）处，下刀速度为 50 mm/min，切削速度为 150 mm/min，主轴转速为 1 000 r/min。

▲图 1-4　"X，Y，Z"工件的加工

项目二 规则曲线加工

一、任务目标

- 掌握与编程有关的基本指令
- 掌握数控铣床基本编程指令的使用方法
- 掌握简单的 G 指令及程序编程方法
- 了解安全文明操作机床的规程
- 激发学生的实习热情

二、任务资讯

圆与圆弧是数控铣削加工中经常见到的轮廓形状，常用 G02 指令、G03 指令，每种指令的编程方法有自己的特点。本次任务以图 2-1 为例，重点讲解外轮廓加工中圆与圆弧编程指令的运用。（注：在本次任务中不考虑刀具的半径问题）

▲图 2-1 字母模型加工

选用合适的刀具加工如图 2-1 所示的工件，毛坯尺寸为 90 mm × 90 mm × 20 mm，加工深度为 5 mm，完成轮廓切削加工。

1）G02/G03 圆弧顺/逆时针插补

格式：

G90/G91 G17 G02/G03 X_ Y_ $\begin{cases} R\_ & F\_ \\ I\_ & J\_ \end{cases}$;

G90/G91 G18 G02/G03 X_ Z_ $\begin{cases} R\_ & F\_ \\ I\_ & K\_ \end{cases}$;

G90/G91 G19 G02/G03 Y_ Z_ $\begin{cases} R\_ & F\_ \\ J\_ & K\_ \end{cases}$;

在这里出一个思考题：如果在每个语句中把三个坐标轴都写出来，那么加工出来的工件形状是什么样子的呢？

各代码的含义

G17：圆弧插补平面在 XY 面。

G18：圆弧插补平面在 XZ 面。

G19：圆弧插补平面在 YZ 面。

G02：顺时针圆弧插补。

G03：逆时针圆弧插补。

X，Y，Z：圆弧终点的位置。

F：进给速度。

R：圆弧半径。

I，J，K：圆弧圆心相对于圆弧起点的增量。

2）G02/G03 的判别方法。

G02/G03 的判别方法如图 2-2 所示。

3）注意要点

（1）R 与 I，J，K 不要同时出现在同一个程序段里。

（2）当圆弧圆心角大于 180°时，R 值为负。

（3）加工整圆时，只能用 I，J，K 的方式。

举例说明，如图 2-3 所示。

图 2-2　G02/G03 判别方法

图 2-3　圆弧插补举例示意

此程序不考虑具体加工深度,只考虑加工轨迹和路线,见表 2-1 和表 2-2。

表 2-1 以绝对坐标方式编制圆弧

G90 方式	程序段解释
G90 G54 G01 X-10 Y10 F_ ;	定位到起始点(-10,-10)
G02 X0 Y0 R10;	顺时针圆弧轨迹到(0,0)
G03 X10 Y10 R-10;	逆时针圆弧轨迹到(10,10)
G02 X10 Y10 I0 J10;(此处也可写成 G02 J10)	顺时针圆弧轨迹到(10,10)

表 2-2 以相对坐标方式编制圆弧

G91 方式	程序段解释
G90 G54 G01 X-10 Y10 F_ ;	定位到起始点(-10,-10)
G91 G02 X10 Y-10 R10;	相对编程方式顺时针圆弧插补
G03 X10 Y10 R-10;	逆时针圆弧插补
G02 X0 Y0 I0 J10;(此处也可写成 G02 J10)	顺时针圆弧插补
G90	恢复到绝对坐标方式

三、任务实施

➢ 加工准备
(1) 详细阅读工件图,并按照图纸检查坯料的尺寸。
(2) 编制加工程序,输入程序并选择该程序。
(3) 用平口虎钳装夹工件,伸出钳口 8 mm 左右,用百分表找正。
(4) 安装寻边器,确定工件零点为坯料上表面的中心,设定可选择工件坐标系。
(5) 选择合适的铣刀并对刀,设定加工相关参数,选择自动加工方式加工工件。

➢ 工艺分析及处理
1) 工件图样分析
了解工件的材质、尺寸要求、形位公差、精度要求、加工形状(在毛坯为 90 mm × 90 mm × 20 mm 的长方体铝块上加工一个 80 mm × 80 mm × 5 mm 的长方体)。
2) 加工工艺分析
(1) 加工机床的选择。
(2) 根据图纸要求选择合适的刀具和切削用量 (v_c, f, a_p);确定工件的加工路线、下刀点、切入点、退刀点,相关刀具卡和工序卡见表 2-3 和表 2-4。

▼ 表 2-3 刀具卡

刀具号	刀具名称	刀具规格	刀具材料
T1	面铣刀	$\phi63$	涂层刀片
T2	键槽铣刀	$\phi6$	高速钢

▼ 表 2-4 工序卡

工步	工步内容	刀具号	主轴转速/ $(r \cdot min^{-1})$	进给量/ $(mm \cdot min^{-1})$	切削深度/ mm	切削余量/ mm
1	铣削上表面	T1	700	100	0.5	0
2	铣削字母	T2	1 500	150	5	0

3）基点计算

本例中，各点坐标已经给出，如下所示：

1（4.5，37）   2（4.5，-37）
3（40.5，30.32）   4（9.04，3.82）
5（9.04，-3.82）   6（40.5，-30.32）

原点 O (0, 0)

4）编写程序单

5）输入程序单

6）模拟、加工、检验

➤ 参考程序

G90 G17 G54

M03 S1500   => 刀具正转，转速为 1500 r/min。

G00 X-4.5 Y0 Z100;   => 刀具到达整圆起始点上方。

G0 Z5;   => 刀具快速接近工件。

G01 Z-5 F50   => 刀具切入工件 5 mm，用绝对值表示。

G02 I-18 F200;   => 铣削整圆。

G0 Z100;   => 刀具远离工件。

G0 X4.5 Y37;   => 刀具到达字母"K"的第 1 点上方。

G0 Z5;   => 刀具快速接近工件。

G01 Z-5 F50;   => 刀具切入工件 5 mm，用绝对值表示。

G01 X4.5 Y-37;   => 刀具从 1 点到 2 点。

G0 Z100;   => 刀具远离工件。

G0 X40.5 Y30.32;   => 刀具到达字母"K"的第 3 点上方。

G0 Z5;   => 刀具快速接近工件。

G01 Z-5 F50;   => 刀具切入工件 5 mm，用绝对值表示。

G01 X9.04 Y3.82;   => 刀具从 3 点到 4 点。

```
G03 X9.04 Y-3.82 R5;        => 刀具从4点到5点。
G01 X40.5 Y-30.32;          => 刀具从5点到6点。
G00 Z100;                   => 加工结束,刀具抬离工件100 mm。
```

> 注意事项

(1) 使用寻边器确定工件零点时应采用碰双边法。
(2) 精铣时采用顺铣方法,以提高表面加工质量。
(3) 应根据加工情况随时调整进给开关和主轴转速倍率开关。
(4) 键槽铣刀的垂直进给量不能太大,约为平面进给量的1/3~1/2。

四、任务评价

任务评价细则见表2-5。

表2-5 任务评价细则

项目	评分要素	配分	评分标准	检测结果	得分
编程 (20分)	加工工艺路线制定	5	加工工艺路线制定正确		
	刀具及切削用量选择	5	刀具及切削用量选择合理		
	程序编写正确性	10	程序编写正确、规范		
操作 (30分)	手动操作	10	对刀操作不正确扣5分		
	自动运行	10	程序选择错误扣5分; 启动操作不正确扣5分; f、v_c调整不正确扣2分		
	参数设置	10	零点偏移设定不正确扣5分; 刀具半径补偿设定不正确扣5分		
工件质量 (30分)	形状	10	有一处过切扣2分; 有一处残余余量扣2分		
	尺寸	16	每超0.02 mm扣2分		
	表面粗糙度	4	每降一级扣1分		
工量刃具的 使用与维护 (10分)	常用工量刃具的使用	10	使用不当每次扣2分		
安全文明生产 (10分)	正确执行安全技术操作规程,按企业有关的文明生产规定,做到工作地方整洁,工件、工具摆放整齐	10	严格执行制度、规定者满分,执行差者酌情扣分		
综合评价					

五、练习与提高

用 φ6 的刀具铣图 2-4 所示 "Z，C" 工件，深度为 5 mm，试编程。

设程序启动时刀心位于工件坐标系的（0，0，100）处，下刀速度为 50 mm/min，切削速度为 150 mm/min，主轴转速为 1 500 r/min。

图 2-4　"Z，C" 工件的加工

项目三 槽类工件加工

一、任务目标

- 掌握简单、基本指令的编程格式
- 了解槽类工件的工艺要求
- 掌握加工槽类工件的刀具及合理切削用量的选择
- 掌握走刀路线,能精确确定刀具长度补偿参数

二、任务资讯

工件材料为硬铝,切削性能较好,图中主要尺寸注明公差,要考虑精度问题。选用合适的刀具加工如图 3-1 所示的工件,毛坯尺寸为 90 mm × 90 mm × 15 mm,加工深度为 5 mm,已完成上下平面及周边的加工(注:在本次任务中不考虑刀具的半径问题)。

▲图 3-1 槽类工件加工

1）快速定位指令 G00

格式：G00　X＿　　Y＿　　Z＿　。

功能：该指令命令刀具以点定位控制方式从刀具所在点到指定点。刀具对于工件以各轴预先设定的速度从当前位置快速地移动到程序段指定的目标点。G00 指令中快速移动的速度由机床参数"快速移动进给速度"对各轴分别加以设定，不能用 F 规定。G00 为模态指令。

2）带进给率的直线插补 G01

格式：G01 X＿　　Y＿　　Z＿　F＿　。

功能：刀具以直线从起始点移动到目标坐标，按地址 F 下设置的进给速度运行；所有的坐标轴可以同时运行。G1 一直有效，直到被 G 功能组中其他的指令取代为止。G01 为模态指令。

3）圆弧插补 G02、G03

G02：顺时针圆弧插补。　　　　　　　G03：逆时针圆弧插补。

格式：

（1）终点 + 半径。

$$\begin{Bmatrix} G17 \\ G18 \\ G19 \end{Bmatrix} \begin{Bmatrix} G02 \\ G03 \end{Bmatrix} \begin{Bmatrix} X\_\ Y\_ \\ X\_\ Z\_ \\ Y\_\ Z\_ \end{Bmatrix} CR = F\_$$

（2）终点 + 圆心坐标。

$$\begin{Bmatrix} G17 \\ G18 \\ G19 \end{Bmatrix} \begin{Bmatrix} G02 \\ G03 \end{Bmatrix} \begin{Bmatrix} X\_\ Y\_ \\ X\_\ Z\_ \\ Y\_\ Z\_ \end{Bmatrix} \begin{Bmatrix} I\_\ J\_ \\ I\_\ K\_ \\ J\_\ K\_ \end{Bmatrix} F\_$$

三、任务实施

➢ 加工准备

（1）详细阅读工件图，并按照图纸检查坯料的尺寸。

（2）编制加工程序，输入程序并选择该程序。

（3）用平口虎钳装夹工件，伸出钳口 8 mm 左右，用百分表找正。

（4）安装寻边器，确定工件零点为坯料上表面的中心，设定可选择工件坐标系。

（5）选择合适的铣刀并对刀，设定加工相关参数，选择自动加工方式加工工件。

➢ 工艺分析及处理

1）工件图样分析

了解工件的材质、尺寸要求、形位公差、精度要求、加工形状。

2）加工工艺分析

（1）加工机床的选择。

（2）工件的装夹。以已加工的底面和侧面作为定位基准，在机用台虎钳上装夹工件，工件顶面高于钳口 10 mm 左右，工件底面用垫块垫起，在虎钳上夹紧前后两侧面。

（3）走刀路线。选用键槽铣刀从 A 点下刀，按 $A \rightarrow B \rightarrow C \rightarrow D$ 的顺序加工。

（4）根据图纸要求选择合适的刀具和切削用量（v_c、f、a_p）；确定工件的加工路线、下刀点、切入点、退刀点，相关刀具卡和工序卡见表 3 – 1 和表 3 – 2。

▼ 表3-1 刀具卡

刀具号	刀具名称	刀具规格	刀具材料
T1	面铣刀	φ63	涂层刀片
T2	键槽铣刀	φ8	高速钢

▼ 表3-2 工序卡

工步	工步内容	刀具号	主轴转速/ $(r \cdot min^{-1})$	进给量/ $(mm \cdot min^{-1})$	切削深度/ mm	切削余量/ mm
1	铣削上表面	T1	700	100	0.5	0
2	铣槽	T2	1 200	150	5	0.2
3	铣槽	T2	2 000	200	5	0

如图3-2所示,由 A 点下刀,加工工件一圈后由 F 点抬刀,即 A→B→C→D→F。

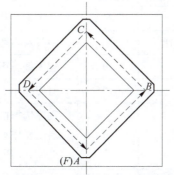

▲ 图3-2 槽类工件加工顺序

(5) 确定工件的加工顺序、铣削方式(顺铣、逆铣)和粗、精加工余量。

3) 基点计算

根据图纸要求合理运用数学知识进行相关点的计算:

$A(0, -35.44)$ $B(-35.44, 0)$
$C(0, 35.44)$ $D(35.44, 0)$

原点 $O(0, 0)$。

4) 编写程序单

5) 输入程序单

6) 模拟、加工、检验

➢ 参考程序

G90 G17

M03 S1200 => 刀具正转,转速为1200 r/min。

G00 X0 Y-35.44; => 刀具到达 A 点,用绝对值表示。

G01 Z-5 F100 => 刀具切入工件5 mm,用绝对值表示。

G01 X-35.44 F200; => A→B,默认用绝对值表示。

Y35.44 => B→C,默认用绝对值表示。

```
X35.44                         => C → D,默认用绝对值表示。
G00 Z50                        => 轮廓加工结束,刀具抬离工件 50 mm。
```

➢ 注意事项

(1) 使用寻边器确定工件零点时应采用碰双边法。
(2) 精铣时采用顺铣方法,以提高表面加工质量。
(3) 应根据加工情况随时调整进给开关和主轴转速倍率开关。
(4) 键槽铣刀的垂直进给量不能太大,约为平面进给量的 1/3~1/2。

四、任务评价

任务评价细则见表 3-3。

表 3-3 任务评价细则

项目	评分要素	配分	评分标准	检测结果	得分
编程 (20 分)	加工工艺路线制定	5	加工工艺路线制定正确		
	刀具及切削用量选择	5	刀具及切削用量选择合理		
	程序编写正确性	10	程序编写正确、规范		
操作 (30 分)	手动操作	10	对刀操作不正确扣 5 分		
	自动运行	10	程序选择错误扣 5 分; 启动操作不正确扣 5 分; f、v_c、s 调整不正确扣 2 分		
	参数设置	10	零点偏移设定不正确扣 5 分; 刀具半径补偿设定不正确扣 5 分		
工件质量 (30 分)	形状	10	有一处过切扣 2 分; 有一处残余余量扣 2 分		
	尺寸	16	每超 0.02 mm 扣 2 分		
	表面粗糙度	4	每降一级扣 1 分		
工量刃具的 使用与维护 (10 分)	常用工量刃具的使用	10	使用不当每次扣 2 分		
安全文明生 产(10 分)	正确执行安全技术操作规程,按企业有关的文明生产规定,做到工作地方整洁、工件、工具摆放整齐	10	严格执行制度、规定者满分,执行差者酌情扣分		
综合评价					

五、相关资讯

➢ 用 G54~G59 等可设定的零点偏移（又称零点偏置）设置工件坐标系

所谓零点偏移就是在编程过程中进行编程坐标系（工件坐标系）的平移，使编程坐标系的零点偏移到新的位置。若在工作台上同时加工多个相同工件或一个较复杂的工件，则可以设定不同的程序零点来简化编程，如图 3-3 和图 3-4 所示。

G54：第一可设定零点偏移。

G55：第二可设定零点偏移。

G56：第三可设定零点偏移。

G57：第四可设定零点偏移。

G58：第五可设定零点偏移。

G59：第六可设定零点偏移。

G500：取消可设定零点偏移——模态有效。

▲图 3-3 可设定的零点偏移

▲图 3-4 在钻削/铣削时几个可能的夹紧方式

六、练习与提高

图 3-5 所示工件材质为硬铝，切削性能较好；加工部分由沟槽构成，用 $\phi6$ 的刀具加工，槽深为 4 mm，工件毛坯为 90 mm×90 mm×20 mm 的方料。试编程。

设程序启动时刀心位于工件坐标系的（0，0，30）处，下刀速度为 50 mm/min，切削速度为 150 mm/min，主轴转速为 1 200 r/min。

▲图 3-5 槽类工件加工例题

项目四　轮廓加工

一、任务目标

◆ 掌握刀具半径补偿的格式
◆ 掌握刀具半径补偿的判定方法
◆ 熟练运用刀具半径补偿功能进行数控编程
◆ 掌握刀具半径补偿的判定及运用

二、任务资讯

利用刀具半径补偿功能，编写如图 4－1 所示轮廓的精加工程序，铣削深度为 5 mm。

▲图 4－1　轮廓精加工

➢ 刀具半径补偿功能

（1）刀位点的概念。在数控编程过程中，编程人员为了方便，通常将数控刀具假想成一个点，这个点称为刀位点（图 4－2）。

（2）刀具半径补偿功能的概念。在实际的加工中，我们通过刀具半径补偿指令，使数控机床根据实际使用的刀具尺寸，自动调整各坐标轴的移动量，确保实际加工轮廓和编程轨迹完全一致。数控机床的这种根据实际刀具尺寸自动改变坐标轴位置，使实际加工轮廓和编程轨迹完全一致的功能称为刀具半径补偿功能（图 4－3）。

19

图 4-2 数控机床常用刀具刀位点确定

▲图 4-3 刀具半径补偿功能示意

(3) 刀具半径补偿的意义。工件加工程序通常是按零件轮廓编制的,而数控机床在加工过程中的控制点是刀具中心,因此在数控加工前数控系统必须将工件轮廓变换成刀具中心的轨迹。只有将编程轮廓数据变换成刀具中心轨迹数据才能进行插补。在数控铣床上进行轮廓加工时,因为铣刀有一定的半径,所以刀具中心(刀心)轨迹和工件轮廓不重合。如不考虑刀具半径,直接按照工件轮廓编程是比较方便的,但加工出的工件尺寸会比图样要求小一圈(加工外轮廓时)或大一圈(加工内轮廓时),为此我们必须使刀具沿工件轮廓的法向偏移一个刀具半径,这就是所谓的刀具半径补偿指令。应用刀具半径补偿功能时,只需按工件轮廓轨迹进行编程,然后将刀具半径值输入数控系统中。执行程序时,系统会自动计算刀具中心轨迹,进行刀具半径补偿,从而加工出符合要求的工件形状。当刀具半径发生变化时,也无须更改加工程序,这使编程工作大大简化。实践证明,灵活应用刀具半径补偿功能,合理设置刀具半径补偿值,在数控加工中有着重要的意义。

➢ 刀具半径补偿的格式

参数说明:

G17,G18,G19:工作平面的选择。

G41：刀具半径左补偿。

G42：刀具半径右补偿。

G40：刀具半径补偿撤销。

X，Y，Z：G00/G01 的参数，即刀具半径补偿的建立或撤销的点坐标。

D：刀具半径补偿代号地址字（D00～D99），后面一般用两位数字表示代号。刀具半径值用 CRT/MDI 方式输入。

F：进给率。

➢ 刀具半径补偿的判定

G41 为刀具半径左补偿，定义为：假设工件不动，沿刀具运动方向看去，刀具在工件左侧的刀具半径补偿，如图 4-4 所示。

▲图 4-4　刀具半径左补偿

G42 为刀具半径右补偿，定义为：假设工件不动，沿刀具运动方向看去，刀具在工件右侧的刀具半径补偿，如图 4-5 所示。

▲图 4-5　刀具半径右补偿

➢ 刀具半径补偿的三步骤

（1）刀具半径补偿的建立：刀具由起点接近工件。因为建立刀具半径补偿，所以执行本程序段后，刀具中心轨迹的终点不再是下一个程序段的起点。

（2）刀具半径补偿的运行：刀具半径补偿一旦建立，刀具半径补偿的状态就一直保持到刀具半径补偿撤销。

（3）刀具半径补偿的撤销：工件的轮廓加工完成后，刀具便离开工件回到起刀点。

以 G42 为例来说明刀具半径补偿建立的过程，如图 4-6 所示。

▲ 图 4-6　以 G42 为例来说明刀具半径补偿建立的过程
(a) 建立；(b) 运行；(c) 撤销

三、任务实施

加工如图 4-7 所示工件。毛坯为 90 mm×90 mm×20 mm 铝块，轮廓面和台阶面有表面锐边倒钝。

▲ 图 4-7　加工工件

➢ 加工准备
(1) 详细阅读工件图，并按照图纸检查坯料的尺寸。
(2) 编制加工程序，输入程序并选择该程序。
(3) 用平口虎钳装夹工件，伸出钳口 8 mm 左右，用百分表找正。
(4) 安装寻边器，确定工件零点为坯料上表面的中心，设定可选择工件坐标系。
(5) 选择合适的铣刀并对刀，设定加工相关参数，选择自动加工方式来加工工件。
➢ 工艺分析及处理
1) 工件图样分析
了解工件的材质、尺寸要求、形位公差、精度要求、加工形状。
2) 加工工艺分析
(1) 加工机床的选择。
(2) 根据图纸要求选择合适的刀具和切削用量（v_c，f，a_p）；确定工件的加工路线、下刀点、切入点、退刀点，相关刀具卡和工序卡见表 4-1 和表 4-2。

(3) 确定工件的加工顺序、铣削方式（顺铣、逆铣）和粗、精加工余量。

▼ 表 4-1 刀具卡

刀具号	刀具名称	刀具规格	刀具材料
T1	面铣刀	φ100	涂层刀片
T2	键槽铣刀	φ12	高速钢
T3	键槽铣刀	φ8	硬质合金

▼ 表 4-2 工序卡

工步	工步内容	刀具号	主轴转速/ (r·min^{-1})	进给量/ (mm·min^{-1})	切削深度/ mm	切削余量/ mm
1	铣削上表面	T1	700	100	0.5	0
2	粗加工外形轮廓	T2	800	150	2	0.5
3	精加工外形轮廓	T3	1 500	200	4	0

3) 基点计算

根据图纸要求合理运用数学知识进行相关点的计算。

4) 编写程序单

5) 输入程序单

6) 模拟、加工、检验

➢ 参考程序

```
Sk02.MPF
G54 G90 G17 G40            程序的起始。
T1
M03 S1500
G00 X0 Y0 Z20              程序的检验。
X -20
Z5
G01 Z -5 F100
G41 G01 X25 D1             建立刀具的半径补偿。
G01 Y55 F200
Y90
X45
G03 X50 Y115 CR =65 F150
G02 X90 CR = -25
G03 X95 Y90 CR =65         刀具半径补偿的执行。
G01 X115
Y55
X70 Y65
X25 Y55
G03 Y67 CR =6
G40 G01 Z5                 利用圆弧方式退刀。
G00 Z50                    刀具半径补偿的撤销。
```

M05
M30   结束程序。

> 注意事项

(1) 建立刀具半径补偿的程序段,必须在补偿平面内进行不为零的直线移动。

(2) 建立刀具半径补偿的程序段,一般应在切入工件之前完成。

(3) 撤销刀具半径补偿的程序段,一般应在切出工件之后进行。

(4) 为了保证刀具半径补偿建立与撤销时刀具与工件的安全,通常采用 G01 运动方式建立或撤销刀具半径补偿;如采用 G00 运动方式建立或撤销刀具半径补偿,可采用先建立刀具半径补偿再下刀或先退刀再撤销刀具半径补偿的编程方法。

四、任务评价

任务评价细则见表 4-3。

表 4-3 任务评价细则

项目	评分要素	配分	评分标准	检测结果	得分
编程 (20 分)	加工工艺路线制定	5	加工工艺路线制定正确		
	刀具及切削用量选择	5	刀具及切削用量选择合理		
	程序编写正确性	10	程序编写正确、规范		
操作 (30 分)	手动操作	10	对刀操作不正确扣 5 分		
	自动运行	10	程序选择错误扣 5 分; 启动操作不正确扣 5 分; f, v_c 调整不正确扣 2 分		
	参数设置	10	零点偏移设定不正确扣 5 分; 刀具半径补偿设定不正确扣 5 分		
工件质量 (30 分)	形状	10	有一处过切扣 2 分; 有一处残余余量扣 2 分		
	尺寸	16	每超 0.02 mm 扣 2 分		
	表面粗糙度	4	每降一级扣 1 分		
工量刃具的 使用与维护 (10 分)	常用工量刃具的使用	10	使用不当每次扣 2 分		
安全文明生 产 (10 分)	正确执行安全技术操作规程,按企业有关的文明生产规定,做到工作地方整洁,工件、工具摆放整齐	10	严格执行制度、规定者满分,执行差者酌情扣分		
综合评价					

项目五　倒圆、倒角加工

一、任务目标

❖ 掌握倒圆、倒角指令的格式
❖ 学会利用倒圆、倒角指令进行编程
❖ 掌握轮廓编程指令的相关编程方法
❖ 了解两个倒角指令的区别

二、任务资讯

➢ 任务描述

本项目的待加工工件为 80 mm × 80 mm × 10 mm 的凸台。如图 5 – 1 所示，已知毛坯为 90 mm × 90 mm × 30 mm 的铝块，要求制定工件的加工工艺，编写数控加工程序，通过数控仿真加工调试，优化程序，最后进行工件的加工检验。

▲图 5 – 1　凸台

➢ 倒圆倒角

（1）倒圆。RND = …插入倒圆，数值；圆角半径；直线轮廓之间，圆弧轮廓之间以及直线轮廓和圆弧轮廓之间切入一圆弧，圆弧与轮廓进行切线过渡（图 5 – 2）。

▲图 5-2 倒圆

（2）倒角。CHF =…插入倒角，数值：倒角长度。
直线轮廓和圆弧轮廓的任意组合之间切入一段直线，并倒去棱角。编程值就是倒角的斜边长。
CHR =…插入倒角，数值：倒角长度。
在拐角处的两直线之间插入一段直线，编程值就是倒角的直角边长（图 5-3）。

▲图 5-3 倒角

G1 X…RND = 8   G1 X…RND = 7.3
X…Y…   X…Y…

【例1】 用 φ40 mm 立铣刀加工 30 mm × 30 mm × 10 mm 的长立方体，并倒出 8 mm 的斜角，铣削深度为 10 mm 程序（图 5-4）。

G54 G90 G17 G40
T1 D1
M03 S350
G00 X0 Y0 Z30
X -10 Y -30
G01 Z -10 F160
G01 G42 X -10 Y0 D1   左下角下刀建立刀补。
G01 X30 Y0 CHF = 8   加工到右下角。
X30 Y30   CHF = 8   加工到右上角。
X0 Y30   CHF = 8   加工到左上角。
X0 Y0   CHF = 8   加工到左下角。
X20
G00 G40 Y -30
Z30
M05
M30

▲图 5-4 30 mm × 30 mm × 10 mm 待铣工件

➢ 定义直线的角度参数（ANG =）

如果在平面上有一条直线只给出一个终点坐标，或几个程序段确定的轮廓仅给出其终点坐标，则可以通过一个角度参数来明确地定义该直线，角度设定逆时针方向为正方向。

【例 2】 定义直线的角度参数（图 5-5）；G17 平面上多程序段轮廓举例（表 5-1）。N20 内的终点非完全已知。

N10 G1 X1 Y1

N20 X2 ANG = …

或

N10 G1 X1 Y1

N20 Y2 ANG = …

图 5-5 定义直线的角度参数

表 5-1 G17 平面上多程序段轮廓举例

轮廓	编程
	N20 中终点未知 N10 G1 X1 Y1 X20 ANG = …2 X30 X3 Y3 ANG = …2 这些值仅仅是象征性值
	N20 中终点未知 插入倒圆： N10 G1 X1 Y1 N20 ANG = …1 RND = … N30 X3 Y3 ANG = …2 类似地 插入倒角： N10 G1 X1 Y1 N20 ANG = …1 CND = … N30 X3 Y3 ANG = …2
	N20 中终点未知 插入倒圆： N10 G1 X1 Y1 N20 X2 Z2 RND = … N30 X3 Y3 类似地 插入倒角： N10 G1 X1 Y1 N20 X2 Z2 CNR = … N30 X3 Y3

续表

轮廓	编程
	N20 中终点未知 插入倒圆： N10 G1 X1 Y1 N20 ANG = …1 RND = …1 N30 X3 Y3 ANG = …2 RND = …2 N40 X4 Y4 类似地 插入倒角： N10 G1 X1 Y1 N20 ANG = …1 CHR = …1 N30 X3 Z3 ANG = …2 CHR = …2 N40 X4 Y4

▶ 参考程序

Sk01.MPF
G54 G90 G17 G40
T1 D1
M03 S1500
G0 X0 Y0
Z5
Y – 60
G01 Z – 2 F200
Y – 45
G42 G01 Y – 40 D1
G01 X40 CHF = 13
X40 Y40 RND = 10
X – 40
Y – 12
Y – 40 ANG = 313
G01 X80
G0 G40 Z30
M05
M30

三、任务实施

加工如图5-6所示的工件。已知毛坯尺寸为90 mm×90 mm×90 mm，材质是硬铝，试编写加工程序，并在数控铣床上进行加工。

项目五 倒圆、倒角加工

▲图 5-6　90 mm×90 mm×90 mm 待铣工件

➢ 加工准备
(1) 详细阅读工件图，并按照图纸检查坯料的尺寸。
(2) 编制加工程序，输入程序并选择该程序。
(3) 用平口虎钳装夹工件，伸出钳口 8 mm 左右，用百分表找正。
(4) 安装寻边器，确定工件零点为坯料上表面的中心，设定可选择工件坐标系。
(5) 选择合适的铣刀并对刀，设定加工相关参数，选择自动加工方式加工工件。

➢ 工艺分析及处理
1) 工件图样分析
了解工件的材质、尺寸要求、形位公差、精度要求、加工形状。
2) 加工工艺分析
(1) 加工机床的选择。
(2) 根据图纸要求选择合适的刀具和切削用量（v_c，f，a_p）；确定工件的加工路线、下刀点、切入点、退刀点，相关刀具卡和工序卡如表 5-2 和表 5-3 所示。
(3) 确定工件的加工顺序、铣削方式（顺铣、逆铣）和粗、精加工余量。

▼表 5-2　刀具卡

刀具号	刀具名称	刀具规格	刀具材料
T1	面铣刀	φ100	涂层刀片
T2	键槽铣刀	φ12	高速钢
T3	键槽铣刀	φ8	硬质合金

▼表 5-3　工序卡

工步	工步内容	刀具号	主轴转速/ (r·min^{-1})	进给量/ (mm·min^{-1})	切削深度/ mm	切削余量/ mm
1	铣削上表面	T1	700	100	0.5	0
2	粗加工外形轮廓	T2	800	150	4	0.5
3	粗加工 φ30 的圆	T2	800	150	6	0.5
4	精加工外形轮廓	T3	1 500	200	4	0
5	精加工 φ30 的圆	T3	1 200	150	6	0

3）基点计算

根据图纸要求合理运用数学知识进行相关点的计算。

4）编写程序单

5）输入程序单

6）模拟、加工、检验

➢ 参考程度（略）

➢ 注意事项（略）

四、任务评价

任务评价细则见表 5-4。

表 5-4 任务评价细则

项目	评分要素	配分	评分标准	检测结果	得分
编程 （20 分）	加工工艺路线制定	5	加工工艺路线制定正确		
	刀具及切削用量选择	5	刀具及切削用量选择合理		
	程序编写正确性	10	程序编写正确、规范		
操作 （30 分）	手动操作	10	对刀操作不正确扣 5 分		
	自动运行	10	程序选择错误扣 5 分； 启动操作不正确扣 5 分； f、v_c 调整不正确扣 2 分		
	参数设置	10	零点偏移设定不正确扣 5 分； 刀具半径补偿设定不正确扣 5 分		
工件质量 （30 分）	形状	10	有一处过切扣 2 分； 有一处残余余量扣 2 分		
	尺寸	16	每超 0.02 mm 扣 2 分		
	表面粗糙度	4	每降一级扣 1 分		
工量刃具的 使用与维护 （10 分）	常用工量刃具的使用	10	使用不当每次扣 2 分		
安全文明生 产（10 分）	正确执行安全技术操作规程，按企业有关的文明生产规定，做到工作地方整洁，工件、工具摆放整齐	10	严格执行制度、规定者满分，执行差者酌情扣分		
综合评价					

项目六　多边形工件加工

一、任务目标

❖ 掌握极坐标编程的指令格式
❖ 掌握极坐标原点的设定方法
❖ 熟练运用极坐标指令进行工件的加工
❖ 掌握用极坐标指令进行编程加工的方法

二、任务资讯

➢ 极坐标

在平面上取一点 O,自点 O 引一条射线 OX,同时确定一个单位长度和计量角度的正方向（通常取逆时针方向为正方向），这样就建立了一个极坐标（其中 O 为极点，OX 为极半径）。

使用极坐标指令以后，坐标值以极坐标方式确定，即以极坐标半径和极坐标角度来确定点的位置，测量半径与角度的起始点称为极点。

极坐标半径是指在指定平面内，指定点到极点的距离，在程序中用"RP"表示。极坐标半径一律用正值来表示。

极坐标角度是指在所选平面内，指定点到极点的连线与指定平面第一轴（如图 6-1 所示，G17 平面的 X 轴）的角度，在程序中用"AP"来表示。极坐标角度的零方向为第一坐标轴的正方向，逆时针方向为角度的正方向。

极坐标系原点：

极坐标系原点的指定方式有：G111、G110、G112 三种。

格式：G110（G111）　X_　Y_　Z_　。
　　　G112　AP = ____　RP = ____。

G110 极坐标参数，以刀具当前位置点定义极坐标。

G111 极坐标参数，以相当于工件坐标系原点定义极坐标。

G112 极坐标参数，以相当于上一个有效的极点定义极坐标。

AP = 极坐标角度，数值范围为 0°~360°。其值可以用绝对值表示，也可以用增量值表示，分别用符号"AC"和"IC"表示。

RP = 极坐标半径，其单位为毫米（mm）或英寸（in）。

X_ Y_ Z_ 相对于定义点的坐标值。

极坐标中刀具移动方式：

在极坐标中用 G00/G01/G02/G03 加上 RP、AP 指令使刀具完成相应的动作。指令格式如下：

G00　AP = _　RP = _
G01　AP = _　RP = _
G02　AP = _　RP = _
G03　AP = _　RP = _

▲图 6 – 1　在不同平面中正方向的极坐标半径和极角

【例】　G01，AP = 30，RP = 20。对于如图 6 – 2 所示的外形轮廓工件的铣削加工，采用极坐标编程。

（当使用极坐标进行圆弧编程时，应特别注意指令中的"AP"和"RP"是圆弧终点相对于圆弧圆心的极角与极半径。）

▲图 6 – 2　待铣外形轮廓工件极坐标

程序：

N10 G90 G01 X70 Y35　　　从当前位置直线插补运动到点 P1。

N20 G111 X50 Y35 RP = 20 AP = 60
　　　　　　　　　　　　极坐标直线插补运动到点 P2：极坐标原点为(50,35)，极坐标半径为 20 mm，极坐标转动角度为 60°。

N30 AP = 120　　　　　　极坐标直线插补运动到点 P3。

N40 AP = 180　　　　　　极坐标直线插补运动到点 P4。

N50 AP = 240　　　　　　极坐标直线插补运动到点 P5。

N60 AP=300　　　　　极坐标直线插补运动到点 P6。
N70 AP=360　　　　　极坐标直线插补运动到点 P1。

三、任务实施

加工如图 6-3 所示的工件。已知毛坯尺寸为 90 mm×90 mm×40 mm，材质是硬铝。试编写加工程序，并在数控铣床上进行加工。

▲图 6-3　90 mm×90 mm×40 mm 待铣工件

➤ 加工准备
(1) 详细阅读工件图，并按照图纸检查坯料的尺寸。
(2) 编制加工程序，输入程序并选择该程序。
(3) 用平口虎钳装夹工件，伸出钳口 8 mm 左右，用百分表找正。
(4) 安装寻边器，确定工件零点为坯料上表面的中心，设定可选择工件坐标系。
(5) 选择合适的铣刀并对刀，设定加工相关参数，选择自动加工方式加工工件。
➤ 工艺分析及处理
1) 工件图样分析
了解工件的材质、尺寸要求、形位公差、精度要求、加工形状。
2) 加工工艺分析
(1) 加工机床的选择。
(2) 根据图纸要求选择合适的刀具和切削用量（v_c，f，a_p）；确定工件的加工路线、下刀点、切入点、退刀点，相关工具卡和工序卡见表 6-1 和表 6-2。

（3）确定工件的加工顺序、铣削方式（顺铣、逆铣）和粗、精加工余量。

▼表6-1 刀具卡

刀具号	刀具名称	刀具规格	刀具材料
T1	面铣刀	φ100	涂层刀片
T2	键槽铣刀	φ12	高速钢

▼表6-2 工序卡

工步	工步内容	刀具号	主轴转速/(r·min^{-1})	进给量/(mm·min^{-1})	切削深度/mm	切削余量/mm
1	铣削上表面	T1	700	100	0.5	0
2	粗加工外形轮廓	T2	800	150	10	0.5
3	粗加工六边形外轮廓	T2	800	150	5	0.5
4	精加工外形轮廓	T2	1 500	200	10	0
5	精加工六边形外轮廓	T2	1 500	200	5	0

3）基点计算

根据图纸要求合理运用数学知识进行相关点的计算。

4）编写程序单

5）输入程序单

6）模拟、加工、检验

➢ 参考程序（略）

➢ 注意事项

（1）使用寻边器确定工件零点时应采用碰双边法。

（2）精铣时采用顺铣方法，以提高表面加工质量。

（3）应根据加工情况随时调整进给开关和主轴转速倍率开关。

四、任务评价

任务评价细则见表6-3。

表6-3 任务评价细则

项目	评分要素	配分	评分标准	检测结果	得分
编程（20分）	加工工艺路线制定	5	加工工艺路线制定正确		
	刀具及切削用量选择	5	刀具及切削用量选择合理		
	程序编写正确性	10	程序编写正确、规范		

续表

项目	评分要素	配分	评分标准	检测结果	得分
操作 (30分)	手动操作	10	对刀操作不正确扣5分		
	自动运行	10	程序选择错误扣5分； 启动操作不正确扣5分； f，v_c调整不正确扣2分		
	参数设置	10	零点偏移设定不正确扣5分； 刀具半径补偿设定不正确扣5分		
工件质量 (30分)	形状	10	有一处过切扣2分； 有一处残余余量扣2分		
	尺寸	16	每超0.02 mm扣2分		
	表面粗糙度	4	每降一级扣1分		
工量刃具的使用与维护 (10分)	常用工量刃具的使用	10	使用不当每次扣2分		
安全文明生产 (10分)	正确执行安全技术操作规程，按企业有关的文明生产规定，做到工作地方整洁，工件、工具摆放整齐	10	严格执行制度、规定者满分，执行差者酌情扣分		
综合评价					

五、相关资讯

在 SIEMENS 系统中除采用 G90 和 G91 分别表示绝对值和增量值外，还用"AC"和"IC"来表示绝对坐标和增量坐标，且该指令可与 G90 和 G91 指令混用。

格式如下：

=AC()。(绝对值,赋值必须有一个等于符号,数值写在括号内)

=IC()。(增量坐标)

用绝对值编程指令指定半径（零点和编程点之间的距离），工件坐标系的零点设定为极坐标系的原点（图6-4）。

用增量值编程指令指定半径（当前位置和编程点之间的距离），当前位置指定为极坐标系的原点（图6-5）。

▲ 图 6-4　用绝对值编程指令指定半径

（a）当角度用绝对值指令指定时；（b）当角度用增量值指令指定时

▲ 图 6-5　用增量值编程指令指定半径

（a）当角度用绝对值指令指定时；（b）当角度用增量值指令指定时

项目七　坐标变换类工件加工（一）

一、任务目标

- 掌握可编程零点偏移的格式及加工方法
- 掌握可编程坐标旋转的格式及加工方法
- 掌握子程序的意义及编程方法
- 能够运用可编程零点偏移指令和调用子程序编程
- 能够运用可编程坐标旋转指令和调用子程序编程
- 能够正确地运用所学知识优化编程

二、任务资讯

加工如图7-1所示工件。试编写其数控铣加工程序，并在数控铣床上加工。

▲图7-1　待铣工件

➢ 可编程零点偏移（TRANS，ATRANS）

1) 功能及作用

TRANS、ATRANS可以平移当前坐标系。该功能适用于工件上不同位置重复出现需

37

加工的形状或结构，或者为方便编程要选用一个新的参考点的情况。使用零点偏移功能之后，系统会根据偏移量产生一个新的坐标系，新输入的尺寸均为在新的坐标系中的尺寸。

2）指令格式

TRANS　X_　Y_　Z_。可编程的零点偏移，消除所有有关偏移、旋转、比例系数、镜像的指令。

ATRANS　X_　Y_　Z_。可编程的零点偏移，附加于当前的指令。

TRANS/ATRANS。不带数值，作为消除指令消除所有有关偏移、旋转、比例系数、镜像的指令。

【例1】　加工工件如图7-2所示，TRANS　X20　Y15　Z30。

ATRANS　X20　Y15　Z30。

参考程序：

N20 TRANS X20 Y15　　　　　可编程零点偏移

N30 L10　　　　　　　　　　子程序调用其中包含的

　　　　　　　　　　　　　　偏移的几何量

…

N70 TRANS　　　　　　　　　取消偏移

▲图7-2　例1加工工件

3）指令说明

X_ Y_ Z_ 是指各轴的平移量。

TRANS参考基准是当前设定的有效工件零位，即G54~G59中设定的工件坐标系。

ATRANS参考基准是当前设定的或最后编程的有效工件零位，该零位也可以是通过指令TRANS偏移的零位。

取消原则：采用"谁用谁取消"原则。

【例2】　加工如图7-3所示两个凸台工件的轮廓，试采用可编程的零点偏移指令编写其加工程序。

程序：

SK001.MPF　　　　　　　　　L10

G90 G54 G17 G40　　　　　　TRANS

T1 D1　　　　　　　　　　　TRANS X30 Y-40

M03 S1500　　　　　　　　　L10

G00 X0 Y0　　　　　　　　　TRANS

　　　　　　　　　　　　　　M05

Z10　　　　　　　　　　　　M30

TRANS X20 Y15

```
L10.SPF                    X67.32
G00 X0 Y0                  X50 Y0
Z5                         X0
G01 Z-5 F200               G40 G00 Z50
G01 G41 X0 Y0              M17
X17.32 Y30
```

▲图7-3 待加工凸台工件的轮廓

➢ 坐标旋转（ROT，AROT）

对于外形轮廓相似的工件，在编程过程中如能采用坐标旋转编程就会使所编程序简单明了；另外，在编程中，如能结合坐标平移指令进行编程，那么所编程序将进一步得到简化。

1) 功能及作用

ROT/AROT 命令可以使工件坐标系在选定的 G17～G19 平面内绕着横坐标轴旋转一个角度；也可使坐标系绕着指定的几何轴 X，Y 或 Z 做空间旋转。使用坐标旋转功能之后，会根据旋转情况产生一个新的坐标系，新输入的尺寸均是在新坐标系中的尺寸。

2) 指令格式

ROT　RPL=_　可编程旋转，消除所有有关偏移、旋转、比例系数、镜像的指令。

AROT　RPL=_　可编程旋转，附加于当前轴，消除所有有关偏移、旋转、比例系数、镜像的指令。

ROT/AROT 不带数值，作为消除指令消除所有有关偏移、旋转、比例系数、镜像的指令。

（注：作为消除指令需单独成段）

3) 指令说明

ROT 参考基准是通过 G54～G59 指令建立的工件坐标系零位。

AROT 参考基准是当前有效的设置或编程的零点。

RPL = 在平面内的旋转角度。

对于平面旋转指令，旋转轴是与该平面相垂直的轴，从旋转轴的正方向向该平面看，逆时针方向为正方向，顺时针方向为负方向（图 7-4）。

取消原则：采用"谁用谁取消"原则。

▲图 7-4 在不同平面上旋转正方向的定义
(a) G17；(b) G18；(c) G19

【例 3】 加工如图 7-1 所示的工件轮廓，试采用坐标旋转和坐标平移指令进行编程。

▶参考程序

主程序：
JZB01.MPF
G90 G55 G17 G40
M03 S2000
G00 X0 Y0
Z20
TRANS X5 Y2.5
L20
TRANS
TRANS X15 Y47.5
AROT RPL = 22
L20
TRANS
M05
M30

子程序：
G01 X -20 Y -10 F300
G01 Z -5 F100
G41 G01 X5 D01 F300
G01 Y30
X25
X19.5
G03 X19.5 Y10 CR = 7.5
G01 X50 RND = 8
X55 Y30 X65
X70 ANG = 284
Y0
X0
X -10
G40 G00 Z10
M17

三、任务实施

加工如图 7-5 所示的工件。已知毛坯尺寸为 90 mm×80 mm×20 mm，材质是硬铝，试编写加工程序，并在数控铣床上进行加工。

▲图7-5 待加工 90 mm × 80 mm × 20 mm 工件

> 加工准备

(1) 详细阅读工件图,并按照图纸检查坯料的尺寸。
(2) 编制加工程序,输入程序并选择该程序。
(3) 用平口虎钳装夹工件,伸出钳口 8 mm 左右,用百分表找正。
(4) 安装寻边器,确定工件零点为坯料上表面的中心,设定可选择工件坐标系。
(5) 选择合适的铣刀并对刀,设定加工相关参数,选择自动加工方式加工工件。

➢ 工艺分析及处理

1）工件图样分析

了解工件的材质、尺寸要求、形位公差、精度要求、加工形状。

2）加工工艺分析

(1) 加工机床的选择。

(2) 根据图纸要求选择合适的刀具和切削用量（v_c，f，a_p）；确定工件的加工路线、下刀点、切入点、退刀点，相关工具卡和工序卡见表7-1和表7-2。

(3) 确定工件的加工顺序、铣削方式（顺铣、逆铣）和粗、精加工余量。

▼ 表7-1 刀具卡

刀具号	刀具名称	刀具规格	刀具材料
T1	面铣刀	φ100	涂层刀片
T2	键槽铣刀	φ12	高速钢
T3	键槽铣刀	φ10	高速钢

▼ 表7-2 工序卡

工步	工步内容	刀具号	主轴转速/ $(r \cdot min^{-1})$	进给量/ $(mm \cdot min^{-1})$	切削深度/ mm	切削余量/ mm
1	铣削上表面	T1	700	100	0.5	0
2	粗加工外形轮廓	T2	800	150	10	0.5
3	粗加工矩形型腔	T3	800	150	5	0.5
4	精加工外形轮廓	T2	1 200	100	10	0
5	粗加工矩形型腔	T3	1 000	100	5	0

3）基点计算

根据图纸要求合理运用数学知识进行相关点的计算。

4）编写程序单

5）输入程序单

6）模拟、加工、检验

➢ 参考程序（略）

➢ 注意事项

(1) 使用寻边器确定工件零点时应采用碰双边法。

(2) 精铣时采用顺铣方法，以提高表面加工质量。

(3) 应根据加工情况随时调整进给开关和主轴转速倍率开关。

(4) 键槽铣刀的垂直进给量不能太大，约为平面进给量的1/3～1/2。

四、任务评价

任务评价细则见表 7-3。

表 7-3 任务评价细则

项目	评分要素	配分	评分标准	检测结果	得分
编程 (20 分)	加工工艺路线制定	5	加工工艺路线制定正确		
	刀具及切削用量选择	5	刀具及切削用量选择合理		
	程序编写正确性	10	程序编写正确、规范		
操作 (30 分)	手动操作	10	对刀操作不正确扣 5 分		
	自动运行	10	程序选择错误扣 5 分； 启动操作不正确扣 5 分； f, v_c 调整不正确扣 2 分		
	参数设置	10	零点偏移设定不正确扣 5 分； 刀具半径补偿设定不正确扣 5 分		
工件质量 (30 分)	形状	10	有一处过切扣 2 分； 有一处残余余量扣 2 分		
	尺寸	16	每超 0.02 mm 扣 2 分		
	表面粗糙度	4	每降一级扣 1 分		
工量刃具的使用与维护 (10 分)	常用工量刃具的使用	10	使用不当每次扣 2 分		
安全文明生产 (10 分)	正确执行安全技术操作规程，按企业有关的文明生产规定，做到工作地方整洁，工件、工具摆放整齐	10	严格执行制度、规定者满分，执行差者酌情扣分		
综合评价					

五、相关资讯

1) 子程序的定义

机床的加工程序可以分为主程序和子程序两种。在编制加工程序中，有时会遇到一组程序段在一个程序中多次出现，或者在几个程序中都要被用到，那么，可以把这个典型的加工程序做成固定程序,并单独加以命名,这类程序称为子程序。

2)使用子程序的目的

(1)子程序的格式和调用

格式:在大多数数控系统中,子程序和主程序并无本质区别。对于 SIEMENS 系统,子程序的命名原则与主程序命名原则一样,只是在输入子程序名时需注意扩展名".SPF"不可省略。当采用字符 L 作为程序名的起始字符时(L…),其后的值可以有 7 位(只能为整数);扩展名系统自动生成。

如:L006   L600。

调用:L_   P_   。L 后接调用的子程序名;P 后接调用的次数。

(2)子程序结束。M17 或 RET。

(3)子程序嵌套。子程序不仅可以从主程序中调用,也可以从其他子程序中调用,这个过程称为子程序嵌套。SIEMENS 802D 数控系统子程序嵌套深度为 7 层,也就是八级程序界面(包括主程序)(图 7-6)。

图 7-6 八级程序界面

项目八 坐标变换类工件加工（二）

一、任务目标

- 掌握可编程坐标镜像的格式及加工方法
- 掌握可编程比例缩放的格式及加工方法
- 掌握子程序的意义及编程方法
- 能够运用可编程坐标镜像指令和调用子程序编程
- 能够运用可编程比例缩放指令和调用子程序编程
- 能够正确地运用所学知识优化编程

二、任务资讯

➢ 坐标镜像（MIRROR/AMIRROR）

1）功能及作用

使用坐标镜像指令可实现沿某一轴或某一坐标点的对称加工（图8-1）。

▲图8-1 坐标镜像

2）指令格式

MIRROR X0 Y0 Z0。可编程的镜像指令，消除有关偏移、旋转、比例系数、镜像等指令。

AMIRROR X0 Y0 Z0。可编程的镜像指令，附加于当前指令以消除有关偏移、旋转、比例系数、镜像等指令。

MIRROR /AMIRROR。不带数值,作为取消指令消除有关偏移、旋转、比例系数、镜像等指令。

(作为取消指令时需一个独立的程序段。)

3)指令说明

MIRROR 绝对可编程镜像,相当于 G54 ~ G59 设定的当前有效坐标系的绝对镜像。

AMIRROR 相对可编程镜像,参考当前有效设定或编程坐标系的补充镜像。

X0 Y0 Z0 将改变方向的坐标轴。

取消原则:采用"谁用谁取消"的原则。

【例 1】 利用镜像指令加工如图 8-2 所示工件。

▲图 8-2 待加工 90 mm×90 mm×20 mm 工件

程序:

Sk01.MPF			L10.SPF
G90 G54 G17 G40			G00 X0 Y0
T1 D1			G01 Z-6 F100
M03 S1500			G41 G01 X10 D1 F100
G00 X0 Y0 Z10			G01 Y40 F200
L10		加工右上角图形	Y10 X40
MIRROR	Y0	沿 X 轴镜像	X0
L10		加工右下角图形	G40 G01 Y0
MIRROR	X0	沿 Y 轴镜像	G00 Z20
L10		加工左上角图形	M17
AMIRROR	Y0	沿 X 轴镜像	
L10		加工左下角图形	
M05			
M30			

➢ 注意事项

(1)在指定的平面内执行镜像指令时,如果程序中有圆弧指令,则圆弧的旋转方向相反,即 G02 变成 G03;相应地,G03 变成 G02。

(2) 在指定的平面内执行镜像指令时,如果程序中有刀具半径补偿指令,则刀具半径补偿的偏移方向相反,即 G41 变成 G42;相应地,G42 变成 G41。

(3) 在使用镜像指令时,由于数控机床的进给轴(Z 轴)安装有刀具,所以在一般情况下不在进给轴方向执行镜像功能。

(4) 在 SIEMENS 系统中使用镜像指令时,其镜像原点为编程时的工件原点。

➢ 比例缩放(SCALE,ASCALE):

1)功能及作用

在数控编程中,对于一些形状相同但尺寸不同的工件,为达到编程目的,可以采用比例缩放。使用此功能,系统会根据比例缩放产生一个当前坐标系,新输入的尺寸均为当前坐标系中的尺寸。

2)指令格式

SCALE　　X_ Y_ Z_ 。可编程的比例缩放,消除所有有关偏移、旋转、比例系数、镜像等指令。

ASCALE　　X_ Y_ Z_ 。可编程的比例缩放,附加于当前的指令,消除所有有关偏移、旋转、比例系数、镜像等指令。

SCALE/ ASCALE。不带数值时表示取消指令,消除所有有关偏移、旋转、比例系数、镜像等指令。

作为取消指令时需单独成段。

【例 2】　　SCALE　X2 Y3 Z1

【例 3】　　ASCALE　X2 Y3 Z1

3)指令说明

SCALE 指参考 G54~G59 设定的在当前坐标系原点进行的比例缩放。

ASCALE 指参考当前有效设定或编程坐标系进行的附加的比例缩放。

X_ Y_ Z_ 指各轴后跟的比例缩放因子

取消原则:采用"谁用谁取消"原则。

例 2 表示以当前坐标系由 G54~G59 设定的工件坐标系原点为基点进行缩放,在 X 向的缩放比例为 2,在 Y 向的缩放比例为 3,在 Z 向的缩放比例为 1。

例 3 表示以当前设置的有效的坐标系(如平移、缩放、旋转坐标系等)的原点为基点进行缩放,在 X 向的缩放比例为 2,在 Y 向的缩放比例为 3,在 Z 向的缩放比例为 1。

【例 4】　　利用比例缩放指令加工如图 8-3 所示工件。

参考程序:

```
Sk001.MPF
G90 F54 G40 G17
T1 D1
M03 S1500
G00 X0 Y0 Z10
X-50 Y-50              注意程序起点位置。
SCALE X2 Y2            比例一致。
```

```
G01 Z -3 F100
G41 G01 X -20 D1 F200
Y0
G02 X0 Y20 CR = 20
G01 X20
Y -20
X -30
G40 G01 Y -40
SCALE
G0 Z20
M05
M30
```

▲图 8-3 待加工工件

➢ 注意事项

(1) 如果在比例缩放后进行坐标平移，则坐标系的平移值也进行比例缩放。
(2) 比例缩放对刀具半径补偿值和刀具偏移值无效。
(3) 使用比例缩放时其缩放中心为编程时的工件坐标原点。
(4) 当轮廓为圆弧时，两个轴的缩放比例必须一致。

三、任务实施

加工如图 8-4 所示的工件。已知毛坯尺寸为 90 mm × 90 mm × 30 mm，材质是硬铝，试编写加工程序，并在数控铣床上进行加工。

▲图 8-4 待加工 90 mm × 90 mm × 30 mm 工件

➢ 加工准备

(1) 详细阅读工件图，并按照图纸检查坯料的尺寸。
(2) 编制加工程序，输入程序并选择该程序。
(3) 用平口虎钳装夹工件，伸出钳口 8 mm 左右，用百分表找正。
(4) 安装寻边器，确定工件零点为坯料上表面的中心，设定可选择工件坐标系。
(5) 选择合适的铣刀并对刀，设定加工相关参数，选择自动加工方式加工工件。

➢ 工艺分析及处理

1) 工件图样分析

了解工件的材质、尺寸要求、形位公差、精度要求、加工形状。

2) 加工工艺分析

(1) 加工机床的选择。
(2) 根据图纸要求选择合适的刀具和切削用量（v_c, f, a_p）；确定工件的加工路线、下刀点、切入点、退刀点，相关工具卡和工序卡见表 8 – 1 和表 8 – 2。
(3) 确定工件的加工顺序、铣削方式（顺铣、逆铣）和粗、精加工余量。

▼表 8 – 1 刀具卡

刀具号	刀具名称	刀具规格	刀具材料
T1	面铣刀	$\phi100$	涂层刀片
T2	键槽铣刀	$\phi12$	高速钢

▼表 8 – 2 工序卡

工步	工步内容	刀具号	主轴转速/ $(r \cdot min^{-1})$	进给量/ $(mm \cdot min^{-1})$	切削深度/ mm	切削余量/ mm
1	铣削上表面	T1	700	100	0.5	0
2	粗加工外形轮廓	T2	800	150	5	0.5
3	精加工外形轮廓	T2	1 200	100	5	0

3) 基点计算

根据图纸要求合理运用数学知识进行相关点的计算。

4) 编写程序单
5) 输入程序单
6) 模拟、加工、检验

➢ 参考程序（略）

➢ 注意事项

(1) 使用寻边器确定工件零点时应采用碰双边法。
(2) 精铣时采用顺铣方法，以提高表面加工质量。
(3) 应根据加工情况随时调整进给开关和主轴转速倍率开关。

四、任务评价

任务评价细则见表8-3。

表8-3 任务评价细则

项目	评分要素	配分	评分标准	检测结果	得分
编程 (20分)	加工工艺路线制定	5	加工工艺路线制定正确		
	刀具及切削用量选择	5	刀具及切削用量选择合理		
	程序编写正确性	10	程序编写正确、规范		
操作 (30分)	手动操作	5	对刀操作不正确扣5分		
	自动运行	10	程序选择错误扣5分； 启动操作不正确扣5分； f、v_c 调整不正确扣2分		
	参数设置	10	零点偏移设定不正确扣5分； 刀具半径补偿设定不正确扣5分		
工件质量 (30分)	形状	10	有一处过切扣2分； 有一处残余余量扣2分		
	尺寸	16	每超0.02 mm扣2分		
	表面粗糙度	4	每降一级扣1分		
工量刃具的使用与维护 (10分)	常用工量刃具的使用	10	使用不当每次扣2分		
安全文明生产 (10分)	正确执行安全技术操作规程，按企业有关的文明生产规定，做到工作地方整洁，工件、工具摆放整齐	10	严格执行制度、规定者满分，执行差者酌情扣分		
综合评价					

项目九　孔加工

任务一　简单孔加工

一、任务目标

- ❖ 掌握钻孔循环指令的格式及参数含义
- ❖ 掌握孔加工刀具的选用方法及合理切削用量的选择
- ❖ 能够根据工艺要求编制孔加工方案
- ❖ 能够安全、文明操作，掌握机床的维护与保养方法

二、任务资讯

孔结构是工件的组成要素之一，它在机器的运行中通常起着连接、导向、定位、配合的作用。孔的类型按是否穿通工件可分为通孔、盲孔；按组合形式可分为单一孔及复杂孔（如沉头孔、埋头孔等）；按几何形状可分为圆孔、锥孔、螺纹孔等，如图9-1-1所示。

图9-1-1　孔的类型

普通麻花钻是钻孔最常用的刀具，通常用高速钢制造，其钻头结构如图9-1-2所示。普通麻花钻有直柄和锥柄之分，钻头直径在13 mm以下的一般为直柄，当钻头直径超过13 mm时，则通常做成锥柄。孔尺寸（孔径、孔深）、加工精度、机床功率、刀具规格是影响钻削刀具直径选择的重要因素。一般情况下，根据孔尺寸、加工精度及刀具厂商提供的刀

具规格来选择刀具直径，同时兼顾机床功率。

图9-1-2 麻花钻钻头的结构
(a) 麻花钻钻头实体；(b) 锥柄麻花钻钻头结构；(c) 直柄麻花钻钻头结构

由于麻花钻的横刃具有一定的长度，钻孔时不易定心，会影响孔的定心精度，因此通常用中心钻在平面上先预钻一个凹坑。中心钻的结构如图9-1-3所示。由于中心钻的直径较小，加工时机床主轴转速不得低于1 000 r/min。

图9-1-3 中心钻实体

麻花钻和中心钻通常通过如图9-1-4所示钻夹头刀柄安装在机床主轴上。

如图9-1-5所示，孔加工的过程一般由以下五个动作组成。

①动作1：快速定心（A→B），快速定位到孔中心上方。
②动作2：快速接近工件（B→R），刀具沿Z方向快速运动到参考平面。
③动作3：孔加工（R→Z），孔加工过程（钻孔、铰孔、攻螺纹等）。
④动作4：孔底动作（Z点），例如孔底暂停。
⑤动作5：刀具快速退回。根据需要，可以有两种退回方式，用G98返回到初始平面（Z→B）或用G99返回到参考平面（Z→R）。

图9-1-4 钻夹头刀柄

图9-1-5 孔加工的五个动作

在进行孔加工编程时可以使用多条G00、G01等指令完成这一过程，但这样做较为烦琐。因此，针对钻孔、铰孔、镗孔、攻螺纹等这类典型的加工程序，数控系统提供了编制简化程序的手段——固定循环指令。这种指令可以用一个程序段完成用多个程度段指令完成的加工操作。采用立式数控铣床及加工中心进行钻孔加工，主要使用G81固定循环指令。

指令格式：$^{G98}_{G99}$ G81 X_ Y_ Z_ R_ F_ K_ 。

其中：G98、G99 为到达孔底后快速返回点平面的选择，G98 返回初始平面，G99 返回参考平面；G81 表示钻孔循环指令；X_ Y_ 表示孔的 X、Y 坐标；Z_ 表示孔底位置；R_ 表示参考平面的位置坐标；F_ 为钻孔时的进给速度（mm/min）；K_ 为重复次数，不指定时默认为 1。

本任务要求完成如图 9-1-6 所示工件孔的加工。工件材料为 45 钢，已完成上下平面、φ60 凸台及周边的加工。

图 9-1-6 待加工零件

三、任务实施

▶ 加工准备

（1）详细阅读工件图，并按照图纸检查坯料的尺寸。
（2）编制加工程序，输入程序并选择该程序。
（3）用平口虎钳装夹工件，伸出钳口 8 mm 左右，用百分表找正。

(4) 安装寻边器,确定工件零点为坯料上表面的中心,设定可选择工件坐标系。

(5) 选择合适的钻头并对刀,设定加工相关参数,选择自动加工方式加工工件。

➢ 工艺分析及处理

1) 工件图样分析

该工件材料为 45 钢,切削性能较好,孔直径尺寸精度不高,可以一次完成钻削加工。孔的位置没有特殊要求,可以按照图纸的基本尺寸进行编程。环形分布的孔为盲孔,当钻到孔底部时应使刀具在孔底停留一段时间。由于孔的深度较深,应使刀具在钻削过程中适当退刀以利于排出切屑。

2) 加工工艺分析

工件上要加工的孔共 21 个,孔的直径有 $\phi 10$、$\phi 12$、$\phi 16$ 三种,故需要分别使用 $\phi 10$ 钻头、$\phi 12$ 钻头、$\phi 16$ 钻头进行加工,钻孔前用 $\phi 5$ 中心钻进行点钻。

先用 $\phi 12$ 钻头钻削中间的孔和环形分布的 6 个孔,钻完第 1 个孔后刀具退到孔上方 2 mm 处,再快速定位到第 2 个孔上方,钻削第 2 个孔,直到 7 个孔全部钻完。然后换 $\phi 10$ 钻头并快速定位到右上方第 1 个孔的上方,钻完 1 个孔后刀具退到这个孔上方 2 mm 处,再快速定位到第 2 个孔上方,钻削第 2 个孔,直到 7 个孔全部钻完再钻下方 7 个孔。最后换 $\phi 16$ mm 钻头扩中间的孔。

在钻削过程中要合理选择切削用量,相关刀具卡和工序卡见表 9-1-1 和表 9-1-2。

▼ 表 9-1-1 刀具卡

刀具号	刀具名称	刀具规格	刀具材料
T1	中心钻	$\phi 5$	高速钢
T2	麻花钻	$\phi 12$	高速钢
T3	麻花钻	$\phi 10$	高速钢
T4	麻花钻	$\phi 16$	高速钢

▼ 表 9-1-2 工序卡

工步	工步内容	刀具号	主轴转速/ $(r \cdot min^{-1})$	进给量/ $(mm \cdot min^{-1})$	切削深度/ mm	切削余量/ mm
1	钻中心孔	T1	1 000	30		
2	钻 $\phi 12$ 及 $\phi 16$ 孔	T2	600	100		
3	钻 $\phi 10$ 孔	T3	750	100		
4	扩 $\phi 16$ 孔	T4	450	100		

3) 基点计算(略)

4) 编写程序单

5) 输入程序单

6) 模拟、加工、检验

项目九　孔加工

➢ **参考程序**

00001;		程序号。
N10	G90 G54 G40 G17 G69;	程序初始化。
N20	M06 T01;	换1号刀，φ5中心钻。
N30	G00 G43 H1 Z100;	执行1号长度补偿，Z轴快速定位，快速到安全高度。
N40	M03 S1000;	1000 r/min 点钻。
N50	M08;	开冷却液。
N60	G99 G82 X-20 Y0 Z-1 R2 P2000 F30;	点钻6个环形分布孔。
N70	X-10 Y13.72;	
N80	X10;	
N90	X20 Y0;	
N100	X10 Y-13.72;	
N110	X-10;	
N120	X0 Y0;	点钻中心位置的φ16孔。
N130	X-45 Y38 R-3 Z-6;	点钻φ10孔。
N140	X-30;	
N150	X-15;	
N160	X0;	
N170	X15;	
N180	X30;	
N190	G98 X45;	注意：提刀到初始平面，安全高度。
N200	G99 X-45 Y-38;	
N210	X-30;	
N220	X-15;	
N230	X0;	
N240	X15;	
N250	X30;	
N260	G98 X45;	
N270	M09;	关闭冷却液。
N280	M05;	主轴停转。
N290	G91 G28 Z0;	Z轴返回参考点。
N300	M06 T02;	换2号刀，φ12麻花钻。
N310	G00 G43 H2 Z100;	执行2号长度补偿，Z轴快速定位，快速到安全高度。
N320	M03 S600;	600 r/min 钻孔。
N330	M08;	开冷却液。
N340	G99 G82 X-20 Y0 Z-15 R2 P2000 F100;	钻6个环形分布孔，盲孔，孔底停留2 s，孔深15 mm。

N350	X-10 Y13.72;	
N360	X10;	
N370	X20 Y0;	
N380	X10 Y-13.72;	
N390	X-10;	
N400	G98 X0 Y0 Z-23;	中心位置ϕ16孔钻通。
N410	M09;	关闭冷却液。
N420	M05;	主轴停转。
N430	G91 G28 Z0;	Z轴返回参考点。
N440	M06 T03;	换3号刀,ϕ10麻花钻。
N450	G00 G43 H3 Z100;	执行3号长度补偿,Z轴快速定位,快速到安全高度。
N460	M03 S750;	750 r/min钻孔。
N470	M08;	开冷却液。
N480	G99 G81 X-45 Y38 Z-23 R-3 F100;	钻14个ϕ10孔,通孔。
N490	X-30;	
N500	X-15;	
N510	X0;	
N520	X15;	
N530	X30;	
N540	G98 X45;	注意:提刀到初始平面,安全高度。
N550	G99 X-45 Y-38;	
N560	X-30;	
N570	X-15;	
N580	X0;	
N590	X15;	
N600	X30;	
N610	G98 X45;	
N620	M09;	关闭冷却液。
N630	M05;	主轴停转。
N640	G91 G28 Z0;	Z轴返回参考点。
N650	M06 T04;	换4号刀,ϕ16麻花钻。
N660	G00 G43 H4 Z100;	执行4号长度补偿,Z轴快速定位,快速到安全高度。
N670	M03 S450;	450 r/min扩孔。
N680	M08;	开冷却液。
N690	G98 G81 X0 Y0 Z-25 R2 F100;	
N700	M09;	关闭冷却液。
N710	M05;	主轴停转。
N720	M30;	程序结束。

> 注意事项

(1) 孔加工刀具多为定尺寸刀具,如钻头、铰刀等。在加工过程中,刀具磨损造成的形状和尺寸的变化会直接影响被加工孔的精度。

(2) 由于受被加工孔直径大小的限制,切削速度很难提高,从而影响了加工效率和加工表面质量,尤其是在对小尺寸孔进行精密加工时,为达到所需的速度,必须使用专门的装置,因此对机床的性能也提出了很高的要求。

(3) 刀具的结构受孔直径和长度的限制,加工时,由于轴向力的影响,刀具容易产生弯曲变形和振动,从而影响孔的加工精度。孔的长径比(孔深度与直径之比)越大,其加工难度越大。

(4) 在进行孔加工时,刀具一般在半封闭的空间工作,由于切屑排除困难,冷却液难以进入加工区域,所以切削区域热量集中、温度较高、散热条件不好,从而影响刀具的耐用度和钻削加工质量。

(5) 在孔加工过程中,必须解决好冷却、排屑、刚性导向和速度问题,这是确保加工质量的关键。

四、任务评价

任务评价细则见表 9 – 1 – 3。

表 9 – 1 – 3　任务评价细则

项目	评分要素	配分	评分标准	检测结果	得分
编程 (20 分)	加工工艺路线制定	5	加工工艺路线制定正确		
	刀具及切削用量选择	5	刀具及切削用量选择合理		
	程序编写正确性	10	程序编写正确、规范		
操作 (30 分)	手动操作	10	对刀操作不正确扣 5 分		
	自动运行	10	程序选择错误扣 5 分; 启动操作不正确扣 5 分; f, v_c 调整不正确扣 2 分		
	参数设置	10	零点偏移设定不正确扣 5 分; 刀具半径补偿设定不正确扣 5 分		
工件质量 (30 分)	形状	10	有一处过切扣 2 分; 有一处残余余量扣 2 分		
	尺寸	16	每超 0.02 mm 扣 2 分		
	表面粗糙度	4	每降一级扣 1 分		
工量刃具的使用与维护 (10 分)	常用工量刃具的使用	10	使用不当每次扣 2 分		

续表

项目	评分要素	配分	评分标准	检测结果	得分
安全文明生产（10分）	正确执行安全技术操作规程，按企业有关的文明生产规定，做到工作地整洁，工件、工具摆放整齐	10	严格执行制度、规定者满分，执行差者酌情扣分		
综合评价					

五、相关资讯

常用的孔加工方法主要有钻孔、扩孔、铰孔、镗孔、攻丝、铣孔等，如图9-1-7所示。表9-1-4列出了常用的孔加工方法及其精度等级。

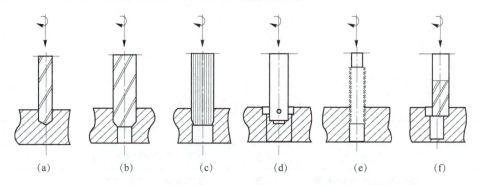

图9-1-7 常用的孔加工方法

(a) 钻孔；(b) 扩孔；(c) 铰孔；(d) 镗孔；(e) 攻丝；(f) 铣孔

▼表9-1-4 常用的孔加工方法及其精度等级

序号	加工方案	精度等级	表面粗糙度/μm	适用范围
1	钻	11~13	50~12.5	加工未淬火钢及铸铁的实心毛坯，也可用于加工有色金属（但粗糙度较差）
2	钻-铰	9	3.2~1.6	
3	钻-粗铰-精铰	7~8	1.6~0.8	
4	钻-扩	11	6.3~3.2	
5	钻-扩-铰	8~9	1.6~0.8	
6	钻-扩-粗铰-精铰	7	0.8~0.47	
7	粗镗（扩孔）	11~13	6.3~3.2	除淬火钢外的各种材料，毛坯有铸出孔或锻出孔
8	粗镗（扩孔）-半精镗（精扩）	8~9	3.2~1.6	
9	粗镗（扩孔）-半精镗（精扩）-精镗	6~7	1.6~0.8	

当确定钻削刀具类型及直径后,钻孔刀具切削用量最好使用刀具厂商推荐的切削用量,这样才能在保证加工精度及刀具寿命的前提下,最大限度地发挥刀具潜能,提高生产效率。表 9–1–5 列出了高速钢钻头钻孔切削用量的推荐值。

表 9–1–5　高速钢钻头钻孔切削用量的推荐值

工件材料	工件材料牌号或硬度	切削用量	钻头直径 d			
			1~6 mm	6~12 mm	12~22 mm	22~50 mm
铸铁	160~200 HBS	$v_c/(\text{m} \cdot \text{min}^{-1})$	16~24			
		$f/(\text{mm} \cdot \text{r}^{-1})$	0.07~0.12	0.12~0.2	0.2~0.4	0.4~0.8
	200~240 HBS	$v_c/(\text{m} \cdot \text{min}^{-1})$	10~18			
		$f/(\text{mm} \cdot \text{r}^{-1})$	0.05~0.1	0.1~0.18	0.18~0.25	0.25~0.4
	240~400 HBS	$v_c/(\text{m} \cdot \text{min}^{-1})$	5~12			
		$f/(\text{mm} \cdot \text{r}^{-1})$	0.03~0.08	0.08~0.15	0.15~0.2	0.2~0.3
钢	35号、45号	$v_c/(\text{m} \cdot \text{min}^{-1})$	8~25			
		$f/(\text{mm} \cdot \text{r}^{-1})$	0.05~0.1	0.1~0.2	0.2~0.3	0.3~0.45
	15Cr、20Cr	$v_c/(\text{m} \cdot \text{min}^{-1})$	12~30			
		$f/(\text{mm} \cdot \text{r}^{-1})$	0.05~0.1	0.1~0.2	0.2~0.3	0.3~0.45
	合金钢	$v_c/(\text{m} \cdot \text{min}^{-1})$	8~15			
		$f/(\text{mm} \cdot \text{r}^{-1})$	0.03~0.08	0.05~0.15	0.15~0.25	0.25~0.35
工件材料	工件材料牌号或硬度	切削用量	钻头直径 d			
			3~8 mm	8~28 mm	25~50 mm	
铝	纯铝	$v_c/(\text{m} \cdot \text{min}^{-1})$	20~50			
		$f/(\text{mm} \cdot \text{r}^{-1})$	0.03~0.2	0.06~0.5	0.15~0.8	
	铝合金（长切屑）	$v_c/(\text{m} \cdot \text{min}^{-1})$	20~50			
		$f/(\text{mm} \cdot \text{r}^{-1})$	0.05~0.25	0.1~0.6	0.2~1.0	
	铝合金（短切屑）	$v_c/(\text{m} \cdot \text{min}^{-1})$	20~50			
		$f/(\text{mm} \cdot \text{r}^{-1})$	0.03~0.1	0.05~0.15	0.08~0.36	
铜	黄铜、青铜	$v_c/(\text{m} \cdot \text{min}^{-1})$	60~90			
		$f/(\text{mm} \cdot \text{r}^{-1})$	0.06~0.15	0.15~0.3	0.3~0.75	
	硬青铜	$v_c/(\text{m} \cdot \text{min}^{-1})$	25~45			
		$f/(\text{mm} \cdot \text{r}^{-1})$	0.05~0.15	0.12~0.25	0.25~0.5	

六、练习与提高

编写程序加工如图 9–1–8 所示工件孔。

图 9-1-8 "练习与提高"加工工件

编写的参考 NC 程序如下。

...

G00 Z100	确定固定循环的初始平面在 Z100 处。
G90 G99 G81 X0 Y30 Z-15 R2 Q5 F40	绝对方式、设定返始平面、孔位 X0Y30 处、加工孔深到 Z-15 处、R 平面确定在 Z2 处、每次进刀量 5 mm、主轴进给量 40 mm/min(图中 1 孔)。
X15 Y10	默认上段指令、孔加工参数加工(图中 2 孔)。
X-13 Y0	默认上段指令、孔加工参数加工(图中 3 孔)。
X10 Y-18 Z-28	默认上段指令、孔加工参数加工(图中 4 孔),考虑钻头端部锥度,为了确保钻通,加工孔深到 Z-28 处。
G98 Y-31	默认上段指令、孔加工参数加工(图中 5 孔),返回初始平面,主轴提到 Z100 mm 处。
G80	取消固定循环。

...

任务二　深孔加工

一、任务目标

- 掌握深钻孔循环指令的格式和用法
- 掌握孔加工刀具的选用方法及合理切削用量的选择
- 掌握常见孔系加工路径的优化方法
- 能够安全文明操作，掌握机床的维护与保养方法

二、任务资讯

所谓深孔，一般是指孔的长度与孔的直径比大于 5～10 的孔。深孔加工一般有以下特点：

（1）刀杆受孔径的限制，直径小、长度大，造成刚性差、强度低，切削时易产生振动、波纹、锥度，从而影响深孔的直线度和表面粗糙度。

（2）在钻孔和扩孔时，冷却液在没有采用特殊装置的情况下，难以输入切削区，这会使刀具耐用度降低、排屑困难。

（3）在深孔的加工过程中，我们不能直接观察刀具切削情况，只能凭工作经验，如听切削时的声音、看切屑、手摸振动与工件温度、观仪表（油压表和电表），来判断切削过程是否正常。

（4）切屑排除困难，我们必须采用可靠的手段进行断屑及控制切屑的长短与形状，以利于顺利排除，防止切屑堵塞。

（5）刀具散热条件差，切削温度升高，从而使刀具的耐用度降低。

为了保证深孔在加工过程中顺利进行和达到要求的加工质量，我们应增加刀具内（或外）排屑、引导、支承及高压冷却润滑装置。

图 9 – 2 – 1 所示为加工深孔用钻头。

采用立式数控铣床及加工中心进行深孔加工，主要使用 G73 或 G83 固定循环指令。

G73 为深孔钻固定循环指令（断屑并不排屑）。该指令以间歇进给方式钻削工件。当加工至一定深度时，钻头上抬一定距离 d，因而钻孔时具有断屑不排屑之特点。指令动作如图 9 – 2 – 2 所示。

指令格式：

G98
　　G73 X_　Y_　Z_　R_　F_　Q_　K_　。
G99

图 9-2-1 加工深孔用钻头

图 9-2-2 G73 指令运动示意

图 9-2-2 中：Q 为每次钻深，d 表示刀具每次向上抬起的距离，由数控系统 531# 参数确定，一般取默认值。其余各参数含义与 G81 指令完全相同。

与 G73 相比，G83 深孔钻固定循环指令（断屑并排屑）也是以间歇进给方式钻削工件。当加工至一定深度后，钻头上抬至参考平面，因而钻孔时具有断屑、排屑之特点。指令动作如图 9-2-3 所示。

指令格式：

$\left.\begin{array}{l}\text{G98}\\\text{G99}\end{array}\right\}$ G83 X_ Y_ Z_ R_ F_ Q_ K_ 。

该指令各参数含义与 G73 指令完全相同。

本任务要求完成如图 9-2-4 所示工件孔的加工。工件材料为 45 钢。

图 9-2-3 G83 指令运动示意

图 9-2-4 待加工工件

三、任务实施

➤ 加工准备

（1）详细阅读工件图，并按照图纸检查坯料的尺寸。

（2）编制加工程序，输入程序并选择该程序。

（3）用平口虎钳装夹工件，伸出钳口 8 mm 左右，用百分表找正。

（4）安装寻边器，确定工件零点为坯料上表面的中心，设定可选择工件坐标系。

（5）选择合适的钻头并对刀，设定加工相关参数，选择自动加工方式加工工件。

➤ 工艺分析及处理

1）零件图样分析

该工件材料为 45 钢，切削性能较好，孔直径尺寸精度不高，可以一次完成钻削加工。孔的位置没有特殊要求，可以按照图纸的基本尺寸进行编程。由于孔的深度较深，应使刀具在钻削过程中适当退刀以利于排出切屑。

2）加工工艺分析

工件上要加工的孔共 3 个，孔的直径为 10 mm，故需要使用 φ10 钻头进行加工，钻孔前用 φ5 中心钻进行点钻。合理选择切削用量，相关刀具卡和工序卡见表 9-2-1 和表 9-2-2。

▼表9-2-1 刀具卡

刀具号	刀具名称	刀具规格	刀具材料
T1	中心钻	φ5	高速钢
T2	麻花钻	φ10	高速钢

▼表9-2-2 工序卡

工步	工步内容	刀具号	主轴转速/ (r·min^{-1})	进给量/ (mm·min^{-1})	切削深度/ mm	切削余量/ mm
1	钻中心孔	T1	1 000	30		
2	钻φ10孔	T2	750	100		

3）基点计算（略）

4）编写程序单

5）输入程序单

5）模拟、加工、检验

➢ 参考程序

O0001；	程序号。
N10　G90 G54 G40 G17 G69；	程序初始化,以工件上表面中心为原点建立G54坐标系。
N20　M06 T01；	换1号刀,φ5中心钻。
N30　G00 G43 H1 Z100；	执行1号长度补偿,Z轴快速定位,快速到安全高度。
N40　M03 S1000；	1000 r/min点钻。
N50　M08；	开冷却液。
N60　G99 G82 X-15 Y0 Z-1 R2 P2000 F30；	点钻3个孔。
N70　X0；	
N80　G98 X15；	注意:提刀到初始平面,安全高度。
N90　G80；	取消钻孔循环。
N100　M09；	关闭冷却液。
N110　M05；	主轴停转。
N120　G91 G28 Z0；	Z轴返回参考点。
N130　M06 T02；	换2号刀,φ10麻花钻。
N140　G00 G43 H2 Z100；	执行2号长度补偿,Z轴快速定位,快速到安全高度。
N150　M03 S750；	750 r/min钻孔。
N160　M08；	开冷却液。
N170　G99 G83 X-15 Y0 Z-55 R2 Q5 F100；	钻孔,深孔啄钻。

```
N180 X0;
N190 G98 X15;
N200 G80;
N210 M09;                关闭冷却液。
N220 M05;                主轴停转。
N230 M30;                程序结束。
```

➢ 注意事项（略）

四、任务评价

任务评价细则见表 9-2-3。

表 9-2-3 任务评价细则

项目	评分要素	配分	评分标准	检测结果	得分
编程 （20分）	加工工艺路线制定	5	加工工艺路线制定正确		
	刀具及切削用量选择	5	刀具及切削用量选择合理		
	程序编写正确性	10	程序编写正确、规范		
操作 （30分）	手动操作	10	对刀操作不正确扣5分		
	自动运行	10	程序选择错误扣5分； 启动操作不正确扣5分； f、v_c 调整不正确扣2分		
	参数设置	10	零点偏移设定不正确扣5分； 刀具半径补偿设定不正确扣5分		
工件质量 （30分）	形状	10	有一处过切扣2分； 有一处残余余量扣2分		
	尺寸	16	每超 0.02 mm 扣 2 分		
	表面粗糙度	4	每降一级扣1分		
工量刃具的 使用与维护 （10分）	常用工量刃具的使用	10	使用不当每次扣2分		
安全文明生 产（10分）	正确执行安全技术操作规程，按企业有关的文明生产规定，做到工作地方整洁，工件、工具摆放整齐	10	严格执行制度、规定者满分，执行差者酌情扣分		
综合评价					

五、相关资讯

锪孔是指在已加工的孔上加工圆柱形沉头孔、锥形沉头孔和凸台断面等。锪孔时使用的刀具称为锪钻，一般用高速钢制造。加工大直径凸台断面的锪钻，可用硬质合金重磨式刀片或可转位式刀片，用镶齿或机夹的方法，固定在刀体上制成，如图9－2－5所示。

图9－2－5　锪孔加工及锪钻

孔加工路线安排一般寻求最短加工路线，减少空刀时间以提高加工效率。如图9－2－6所示，图（a）所示为工件上的孔系分布状况；图（b）所示为先加工外圆孔、再加工内圆孔的走刀路线；图（c）所示为最短的走刀路线，可节省定位时间。

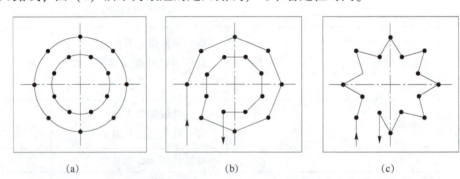

图9－2－6　孔加工路线安排
(a) 工件上的孔系；(b) 走刀路线1；(c) 走刀路线2

对于位置精度要求较高的孔系加工，我们特别需要注意孔的加工顺序的安排，避免将坐标轴的反向间隙带入，从而影响位置精度。如图9－2－7所示，采用A→1→2→3→4→B→5→6→7→8的顺序进行加工，可避免坐标轴X方向的反向间隙带入，提高孔之间的位置精度。

六、练习与提高

编写程序加工如图9－2－8所示的工件孔。

图9-2-7 孔加工路线

图9-2-8 "练习与提高"加工工件

任务三 铰孔加工

一、任务目标

- ❖ 掌握孔精加工的常用方法及刀具的选择方法
- ❖ 掌握铰刀的选用方法及合理切削用量的选择
- ❖ 掌握铰孔固定循环指令的格式及用法
- ❖ 能够安全文明操作,掌握机床的维护与保养方法

二、任务资讯

一般精度要求较高(孔的精度等级分为IT6~IT10)的配合孔,在完成孔的粗加工后,必须安排相应的半精、精加工工序。对于孔径≤30 mm的连接孔,我们通常采用铰削对其进行精加工。

铰孔加工刀具通常使用铰刀。数控铣床及加工中心上经常使用的铰刀有通用标准铰刀、

机夹硬质合金刀片的单刃铰刀和浮动铰刀等。

通用标准铰刀如图 9 – 3 – 1 所示,有直柄、锥柄和套式三种。直柄铰刀的直径为 6 ~ 20 mm,小孔直柄铰刀的直径为 1 ~ 6 mm;锥柄铰刀直径为 10 ~ 32 mm;套式铰刀的直径为 25 ~ 80 mm。

图 9 – 3 – 1　通用标准铰刀
(a) 直柄铰刀;(b) 锥柄铰刀;(c) 套式铰刀

如图 9 – 3 – 2 所示,通用标准铰刀有 4 ~ 12 个齿,由工作部分、颈部、柄部三部分组成。工作部分包括切削部分与校准部分。切削部分为锥形,主要担负切削工作。校准部分包括圆柱部分和倒锥部分,圆柱部分保证铰刀直径并且便于测量,倒锥部分可减少铰刀与孔壁的摩擦,减少孔径扩大量。校准部分的作用是校正孔径、修光孔壁和导向。

图 9 – 3 – 2　通用标准铰刀的结构

使用通用标准铰刀铰孔时,加工精度等级可达 IT8 ~ IT9,表面粗糙度为 0.8 ~ 1.6 μm。在生产中,为了保证加工精度,铰孔时的铰削余量预留要适中,表 9 – 3 – 1 列出了铰孔加工余量推荐值。

表 9 – 3 – 1　铰孔加工余量推荐值(直径量)　　　　　　　　　　　　　　　　mm

孔的直径	≤8	8 ~ 20	21 ~ 32	33 ~ 50	51 ~ 70
铰削余量	0.1 ~ 0.2	0.15 ~ 0.25	0.2 ~ 0.3	0.25 ~ 0.35	0.25 ~ 0.35

铰孔一般用 G85 循环指令:
G98
　　G85 X_ Y_ Z_ R_ F_ K_ 。
G99

使用该指令铰孔时,刀具以切削进给方式加工到达孔底后,以切削速度回退 R 点平面,指令动作及步骤如图 9 – 3 – 3 所示。

本任务要求完成图 9 – 3 – 4 所示工件孔的加工。工件材料为 45 钢,已完成上、下平面及周边的加工。

图 9-3-3　G85 指令运动示意

(a) 刀具返回初始平面；(b) 刀具返回 R 点平面

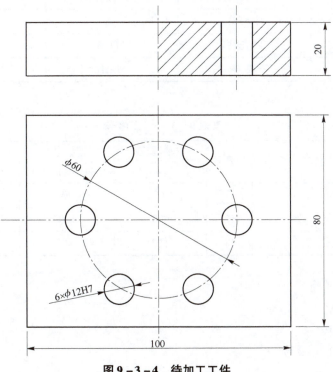

图 9-3-4　待加工工件

三、任务实施

▶ 加工准备

(1) 详细阅读工件图，并按照图纸检查坯料的尺寸。
(2) 编制加工程序，输入程序并选择该程序。
(3) 用平口虎钳装夹工件，伸出钳口 8 mm 左右，用百分表找正。
(4) 安装寻边器，确定工件零点为坯料上表面的中心，设定工件坐标系。

(5) 选择合适的钻头、铰刀并对刀,设定加工相关参数,选择自动加工方式加工工件。

➤ 工艺分析及处理

1) 工件图样分析

该工件材料为 45 钢,切削性能较好,孔直径尺寸精度要求较高,需要钻孔后进行铰孔。孔的位置没有特殊要求,可以按照图纸的基本尺寸进行编程。环形分布的孔为通孔,加工时可取 3~5 mm 刀具超越量。

2) 加工工艺分析

工件上要加工的孔共 6 个,孔的直径为 12 mm,需要分别使用 ϕ11.8 钻头、ϕ12 铰刀进行加工,钻孔前用 ϕ5 中心钻进行点钻。合理选择切削用量,刀具卡和工序卡见表 9 – 3 – 2 和表 9 – 3 – 3。

▼表 9 – 3 – 2 刀具卡

刀具号	刀具名称	刀具规格	刀具材料
T1	中心钻	ϕ5	高速钢
T2	麻花钻	ϕ11.8	高速钢
T3	铰刀	ϕ12H7	硬质合金

▼表 9 – 3 – 3 工序卡

工步	工步内容	刀具号	主轴转速/ $(r \cdot min^{-1})$	进给量/ $(mm \cdot min^{-1})$	切削深度/ mm	切削余量/ mm
1	钻中心孔	T1	1 000	30		
2	钻孔	T2	600	100	20	D/2
3	铰孔	T3	150	50	20	0.1

3) 基点计算(略)

4) 编写程序单

5) 输入程序单

6) 模拟、加工、检验

➤ 参考程序

```
O0001;                                      程序号。
N10    G90 G54 G40 G17 G69;                 程序初始化。
N20    M06 T01;                             换 1 号刀,$\phi$5 中心钻。
N30    G00 G43 H1 Z100;                     执行 1 号长度补偿,Z 轴快速定位,快
                                            速到安全高度。
N40    M03 S1000;                           1000 r/min 点钻。
N50    M08;                                 开冷却液。
N60    G99 G82 X -30 Y0 Z -1 R2 P2000 F30;  点钻 6 个环形分布孔。
```

程序	注释
N70　　X-15 Y-25.98;	
N80　　X15;	
N90　　X30 Y0;	
N100　 X15 Y25.98;	
N110　 G98 X-15;	注意:提刀到初始平面,安全高度。
N120　 M09;	关闭冷却液。
N130　 M05;	主轴停转。
N140　 G91 G28 Z0;	Z轴返回参考点。
N150　 M06 T02;	换2号刀,ϕ11.8麻花钻。
N160　 G00 G43 H2 Z100;	执行2号长度补偿,Z轴快速定位,快速到安全高度。
N170　 M03 S600;	600 r/min 钻孔。
N180　 M08;	开冷却液。
N190　 G99 G81 X-30 Y0 Z-25 R2 F100;	钻6个环形分布通孔。
N200　 X-15 Y-25.98;	
N210　 X15;	
N220　 X30 Y0;	
N230　 X15 Y25.98;	
N240　 G98 X-15;	
N250　 M09;	关闭冷却液。
N260　 M05;	主轴停转。
N270　 G91 G28 Z0;	Z轴返回参考点。
N280　 M06 T03;	换3号刀,ϕ13铰刀。
N290　 G00 G43 H3 Z100;	执行3号长度补偿,Z轴快速定位,快速到安全高度。
N300　 M03 S150;	150 r/min 铰孔。
N310　 M08;	开冷却液。
N320　 G99 G85 X-30 Y0 Z-25 R2 F100;	铰6个环形分布通孔。
N330　 X-15 Y-25.98;	
N340　 X15;	
N350　 X30 Y0;	
N360　 X15 Y25.98;	
N370　 G98 X-15;	
N380　 M09;	关闭冷却液。
N390　 M05;	主轴停转。
N400　 M30;	程序结束。

➢ **注意事项**

铰孔过程中,由于工艺方案制定、刀具参数设置等方面的原因会出现一系列问题,具体的问题及产生的原因见表9-3-4。

表9-3-4 铰孔过程中出现的问题及产生的原因

项目	出现的问题	产生的原因
铰孔	孔径扩大	铰孔中心与底孔中心不一致
		进给量或铰削余量过大
		切削速度太高,铰刀热膨胀
		切削液选用不当或没加切削液
	孔径缩小	铰刀磨损或铰刀已钝
		铰铸铁时以煤油做切削液
	孔呈多边形	铰削余量太大,铰刀振动
		铰孔前钻孔不圆
	表面粗糙度质量差	铰削余量太大或太小
		铰刀切削刃不锋利
		切削液选用不当或没加切削液
		切削速度过大,产生积屑瘤
		孔加工固定循环选择不合理,进退刀方式不合理
		容屑槽内切屑堵塞

四、任务评价

任务评价细则见表9-3-5。

表9-3-5 任务评价细则

项目	评分要素	配分	评分标准	检测结果	得分
编程 (20分)	加工工艺路线制定	5	加工工艺路线制定正确		
	刀具及切削用量选择	5	刀具及切削用量选择合理		
	程序编写正确性	10	程序编写正确、规范		
操作 (30分)	手动操作	10	对刀操作不正确扣5分		
	自动运行	10	程序选择错误扣5分; 启动操作不正确扣5分; f,v_c调整不正确扣2分		
	参数设置	10	零点偏移设定不正确扣5分; 刀具半径补偿设定不正确扣5分		

续表

项目	评分要素	配分	评分标准	检测结果	得分
工件质量（30分）	形状	10	有一处过切扣2分；有一处残余余量扣2分		
	尺寸	16	每超0.02 mm扣2分		
	表面粗糙度	4	每降一级扣1分		
工量刃具的使用与维护（10分）	常用工量刃具的使用	10	使用不当每次扣2分		
安全文明生产（10分）	正确执行安全技术操作规程，按企业有关的文明生产规定，做到工作地方整洁，工件、工具摆放整齐	10	严格执行制度、规定者满分，执行差者酌情扣分		
综合评价					

五、相关资讯

在生产实践中，通常根据刀具、工件材料、孔径、加工精度来确定铰削、镗削用量。表 9-3-6 列出了高速钢铰刀铰削用量推荐值。

表 9-3-6 高速钢铰刀铰削用量推荐值

铰刀直径 d/mm	$f/(\text{mm} \cdot \text{r}^{-1})$					
	低碳钢 120~200HB	低合金钢 200~300HB	高合金钢 300~400HB	软铸铁 130HB	中硬铸铁 175HB	硬铸铁 230HB
6	0.13	0.10	0.10	0.15	0.15	0.15
9	0.18	0.18	0.15	0.20	0.20	0.20
12	0.20	0.20	0.18	0.25	0.25	0.25
15	0.25	0.25	0.20	0.30	0.30	0.30
19	0.30	0.30	0.25	0.38	0.38	0.36
22	0.33	0.33	0.25	0.43	0.43	0.41
25	0.51	0.38	0.30	0.51	0.51	0.41

孔径的测量工具与长度测量工具有明显的不同，如表 9-3-7 和图 9-3-5 所示。

表9–3–7　精度要求较高的孔的测量工具

孔径的测量	孔距的测量
塞规； 内径百分表； 内径千分尺	内、外径千分尺

(a)　　　　　　　　(b)　　　　　　　　(c)

图9–3–5　孔的常用测量工具

(a) 塞规；(b) 内径百分表；(c) 内径千分尺

机夹硬质合金刀片的单刃铰刀如图9–3–6所示。这种铰刀刀片具有很高的刃磨质量，切削刃口磨得异常锋利，其铰削余量通常在 10 μm（半径量）以下，常用于加工尺寸精度在 IT5～IT7 级、表面粗糙度为 0.7 μm 的高精度孔。

图9–3–6　机夹硬质合金刀片的单刃铰刀的结构

加工中心上使用的浮动铰刀如图9–3–7所示。它有两个对称刃，可以自动平衡切削力，还能在铰削过程中自动抵偿因刀具安装误差或刀杆的径向跳动而引起的加工误差，因而加工精度稳定、定心准确，寿命是高速钢铰刀的 8～10 倍，且具有直径调整的连续性。

图9–3–7　加工中心上使用的浮动铰刀

六、练习与提高

编写程序加工如图9–3–8所示的工件孔。

图9–3–8 "练习与提高"加工工件

任务四 螺纹孔加工

一、任务目标

- ❖ 掌握螺纹孔的常用加工方法
- ❖ 掌握螺纹孔加工时底孔大小的确定方法
- ❖ 掌握数控攻丝循环的指令动作
- ❖ 掌握G84、G74循环指令的格式及用法
- ❖ 能够安全文明操作,掌握机床的维护与保养方法

二、任务资讯

在数控铣（加工中心）机床上加工螺纹孔，通常采用两种加工方法，即攻螺纹和铣螺纹。在生产实践中，对于公称直径在 M24 以下的螺纹孔，一般采用攻螺纹方法完成螺纹孔加工；而对于公称直径在 M24 以上的螺纹孔，则通常采用铣螺纹方式完成螺纹孔加工。

图 9－4－1　用丝锥攻螺纹

攻螺纹就是用丝锥在孔壁上切削出内螺纹，如图 9－4－1 所示。

从理论上讲，攻丝时机床主轴转一圈，丝锥在 Z 轴的进给量应等于它的螺距。如果数控铣（加工中心）机床的主轴转速与其 Z 轴的进给总能保持这种同步成比例的运动关系，那么这种攻螺纹方法称为"刚性攻螺纹"，也称刚性攻丝。

以刚性攻丝的方式加工螺纹孔，很容易保证其精度，但对数控机床提出了很高的要求，此时主轴的运行从速度系统换成位置系统。为实现这一转换，数控铣（加工中心）机床常采用伺服电动机驱动主轴，并在主轴上加装一个螺纹编码器，同时主轴传动机构的间隙及惯量也要受到严格控制，这无疑增加了机床的制造成本。

柔性攻螺纹就是主轴转速与丝锥进给没有严格地同步成比例运动，而是用可伸缩的攻丝夹头（图 9－4－2），靠装在攻丝夹头内部的弹簧对进给量进行补偿以改善攻螺纹的精度，这种攻螺纹方法称为"柔性攻螺纹"，也称柔性攻丝。

对于主轴没有安装螺纹编码器的数控铣（加工中心）机床，如果主轴的转速和 Z 轴的进给是独立控制的，那么可采用柔性攻丝方式加工螺纹孔，但加工精度比刚性攻丝低。

为了提高生产效率，通常选择耐磨性较好的丝锥（如硬质合金丝锥），在数控铣（加工中心）机床上一次攻牙即完成螺孔加工。

铣螺纹就是用螺纹铣刀在孔壁切削内螺纹或外螺纹。其工作原理是：应用 G03/G02 螺旋插补指令，使刀具沿工件表面切削、螺旋插补一周，刀具沿 Z 向走一个螺距量，如图 9－4－3 所示。

图 9－4－2　可伸缩的攻丝夹头

图 9－4－3　螺纹铣削示意

攻螺纹通常用攻丝循环指令 G74/G84 进行编程。G74 为左旋螺纹攻丝循环，在刀具以反转方式切削螺纹至孔底后，主轴正转返回 R 点平面或初始平面，最终加工出左旋的螺纹孔，如图 9-4-4 所示。

图 9-4-4　G74 指令运动示意

(a) 刀具返回初始平面；(b) 刀具返回 R 点平面

G84 为右旋螺纹攻丝循环。在刀具以正转方式切削螺纹至孔底后，主轴反转返回 R 点平面或初始平面，最终加工出右旋的螺纹孔，如图 9-4-5 所示。

图 9-4-5　G84 指令运动示意

(a) 刀具返回初始平面；(b) 刀具返回 R 点平面

G74/G84 指令格式为：
G74
G84　X_ Y_ Z_ R_ F_ K_ 。

其中：参数意义与 G81 指令完全相同，在此略写。

➤ 注意事项：

(1) 当主轴旋转由 M03/M04/M05 指定时，此时的攻丝为柔性攻丝。下列程序执行时即为柔性攻丝。

...
M04 S200；
G90 G99 G74 X100 Y-75 Z-50 R5 F100；   在(100,-75)处攻第1个螺纹。
Y75；   在(100,75)处攻第2个螺纹。
X-100；   在(-100,75)处攻第3个螺纹。
Y-75；   在(-100,-75)处攻第4个螺纹。
G00 Z100；
M05；
...

(2) 当主轴旋转状态用 M29 指定时，此时的攻丝为刚性攻丝。下列程序执行时即为刚性攻丝。
...
G94；
M29 S1000；   指定刚性方式。
G90 G99 G84 X120 Y100 Z-40 R5 F1000；   在(120,100)处攻第1个螺纹。
X-120；   在(-120,100)处攻第2个螺纹。
G0 Z100；
...

(3) 若增加"Q_"参数项，即指令格式为"G74/G84 X_ Y_ Z_ R_ P_ Q_ K_ F_"，同时主轴旋转状态用 M29 指定，那么此时的攻丝为排屑式刚性攻丝，系统以间歇方式攻螺纹。

本任务要求完成如图9-4-6所示工件的6个M10螺纹通孔加工。工件材料为45钢。生产规模：单件。

图 9-4-6 待加工工件

三、任务实施

➤ 加工准备

（1）详细阅读工件图，并按照图纸检查坯料的尺寸。

（2）编制加工程序，输入程序并选择该程序。

（3）用平口虎钳装夹工件，用百分表找正。

（4）安装寻边器，确定工件零点为坯料上表面的中心，设定可选择工件坐标系。

（5）选择中心钻、钻头、机用丝锥并对刀，设定加工相关参数，选择自动加工方式加工工件。

➤ 工艺分析及处理

1）工件图样分析

该工件材料为 45 钢，切削性能较好。螺纹孔的位置没有特殊要求，可以按照图纸的基本尺寸进行编程。

2）加工工艺分析

为保证螺纹孔位置准确，选用一把 $\phi 5$ 中心钻做中心孔加工，螺纹孔的底径孔可用一把 $\phi 8.5$ 麻花钻进行加工，选用 M10 螺距 1.5 mm 的高速钢直槽丝锥做孔的最终加工。

XY 向刀路设计按照图 9-4-6 所示的孔 1→孔 2→孔 3→孔 4→孔 5→孔 6 顺序加工。因工件孔位处的厚度仅有 10 mm，故钻孔时 Z 向刀路采用一次钻、攻丝至底面的方式加工工件。

M10 直柄丝锥的转速为 $v_c = (80 \sim 100)$ r/min；进给量 $f = v_c \times P/(\text{mm/min})$，$P$ 为螺距。合理选择切削用量，刀具卡和工序卡分别见表 9-4-1 和表 9-4-2。

▼表 9-4-1 刀具卡

刀具号	刀具名称	刀具规格	刀具材料
T1	中心钻	$\phi 5$	高速钢
T2	麻花钻	$\phi 8.5$	高速钢
T3	丝锥	M10	高速钢

▼表 9-4-2 工序卡

工步	工步内容	刀具号	主轴转速/ (r·min^{-1})	进给量/ (mm·min^{-1})	切削深度/ mm	切削余量/ mm
1	钻中心孔	T1	1 000	30		
2	钻 $\phi 8.5$ 孔	T2	850	80		
3	攻丝 M10	T3	80	120		

3) 基点计算（略）

4) 编写程序单

5) 输入程序单

6) 模拟、加工、检验

➤ 参考程序

O0001;		程序号。
N10	G90 G54 G40 G17 G69 G80;	程序初始化。
N20	M06 T01;	换1号刀,ϕ5中心钻。
N30	G00 G43 H1 Z100;	执行1号长度补偿,Z轴快速定位,快速到安全高度。
N40	M03 S1000;	1000 r/min点钻。
N50	M08;	开冷却液。
N60	G99 G82 X-20 Y7.5 Z-1 R2 P2000 F30;	点钻6个定位孔。
N70	X0;	
N80	X20;	
N90	Y-7.5;	
N100	X0;	
N110	G98 X-20;	
N120	G80;	取消钻孔循环。
N130	M09;	关闭冷却液。
N140	M05;	主轴停转。
N150	G91 G28 Z0;	Z轴返回参考点。
N160	M06 T02;	换2号刀,ϕ8.5麻花钻。
N170	G00 G43 H2 Z100;	执行2号长度补偿,Z轴快速定位,快速到安全高度。
N180	M03 S850;	850 r/min钻孔。
N190	M08;	开冷却液。
N200	G99 G81 X-20 Y7.5 Z-14 R2 F100;	钻6个ϕ8.5孔。
N210	X0;	
N220	X20;	
N230	Y-7.5;	
N240	X0;	
N250	G98 X-20;	
N260	G80;	取消钻孔循环。
N270	M09;	关闭冷却液。
N280	M05;	主轴停转。
N290	G91 G28 Z0;	Z轴返回参考点。
N300	M06 T03	换3号刀,M10×1.5直槽丝锥。

N310	G00 G43 H3 Z100;		执行3号长度补偿,Z轴快速定位,快速到安全高度。
N320	M03 S80;		50 r/min攻丝。
N330	M08;		开冷却液。
N340	G98 G84 X-20 Y7.5 Z-14 R5 F100;		攻6个M10螺纹。
N350	X0;		
N360	X20;		
N370	Y-7.5;		
N380	X0;		
N390	X-20;		
N400	G80;		取消钻孔循环。
N410	M09;		关冷却液。
N420	G00 Z100;		抬刀。
N430	M05;		主轴停转。
N440	M30;		程序结束。

▶ 注意事项

在加工螺纹时,受刀具磨损、工艺设置等影响,会产生乱牙、螺纹不完整等问题,具体问题及产生原因见表9-4-3。

▼表9-4-3 加工螺纹时出现的问题及产生的原因

出现的问题	产生的原因
螺纹乱牙或滑牙	丝锥夹紧不牢固,造成乱牙
	攻不通孔螺纹时,固定循环中的孔底平面选择过深
	切屑堵塞,没有及时清理
	固定循环程序选择不合理
丝锥折断	底孔直径太小
	底孔中心与攻螺纹主轴中心不重合
	攻螺纹夹头选择不合理,没有选择浮动夹头
尺寸不正确或螺纹不完整	丝锥磨损
	底孔直径太大,造成螺纹不完整
表面粗糙度质量差	转速太快,导致进给速度太快
	切削液选择不当或使用不合理
	切屑堵塞,没有及时清理
	丝锥磨损

四、任务评价

任务评价细则见表 9-4-4。

表 9-4-4　任务评价细则

项目	评分要素	配分	评分标准	检测结果	得分
编程 (20 分)	加工工艺路线制定	5	加工工艺路线制定正确		
	刀具及切削用量选择	5	刀具及切削用量选择合理		
	程序编写正确性	10	程序编写正确、规范		
操作 (30 分)	手动操作	10	对刀操作不正确扣 5 分		
	自动运行	10	程序选择错误扣 5 分； 启动操作不正确扣 5 分； f,v_c 调整不正确扣 2 分		
	参数设置	10	零点偏移设定不正确扣 5 分； 刀具半径补偿设定不正确扣 5 分		
工件质量 (30 分)	形状	10	有一处过切扣 2 分； 有一处残余余量扣 2 分		
	尺寸	16	每超 0.02 mm 扣 2 分		
	表面粗糙度	4	每降一级扣 1 分		
工量刃具的使用与维护 (10 分)	常用工量刃具的使用	10	使用不当每次扣 2 分		
安全文明生产 (10 分)	正确执行安全技术操作规程，按企业有关的文明生产规定，做到工作地方整洁，工件、工具摆放整齐	10	严格执行制度、规定者满分，执行差者酌情扣分		
综合评价					

五、相关资讯

在生产实践中，加工螺纹孔常用以下几种刀具。

1) 丝锥

丝锥是具有特殊槽、带有一定螺距的螺纹圆形刀具。加工中常用的丝锥有直槽和螺旋槽两大类（图 9-4-7）。直槽丝锥加工容易、精度略低、产量较大、切削速度较慢，一般用于普通钻床及攻丝机的螺纹加工。螺旋槽丝锥多被数控加工中心用来钻盲孔，加工速度较快、精度高、排屑较好、对中性好。常用的丝锥材料有高速钢和硬质合金，现在的工具厂生产的丝锥大都是涂层丝锥，涂层丝锥比未涂层丝锥的使用寿命和切削性能都有很大的提高。

图 9-4-7　丝锥

(a) 直槽丝锥；(b) 螺旋槽丝锥

2) 整体式螺纹铣刀

从外形看，整体式螺纹铣刀很像是圆柱立铣刀与螺纹丝锥的结合体（图9-4-8），但它的螺纹切削刃与丝锥不同，刀具上无螺旋升程，加工中的螺旋升程靠机床运动实现。这种特殊结构使该刀具既可加工右旋螺纹，也可加工左旋螺纹，但不适于加工较大螺距的螺纹。

整体式螺纹铣刀适用于钢、铸铁和有色金属材料的中小直径螺纹铣削，优点是切削平稳、耐用度高；缺点是刀具制造成本较高、结构复杂。

图 9-4-8　整体式螺纹铣刀

3) 机夹螺纹铣刀

机夹螺纹铣刀如图9-4-9所示，它适用于较大直径（如 $D>26$ mm）的螺纹加工。这种刀具的特点是：刀片易于制造，价格较低。有的螺纹刀片可双面切削，但抗冲击性能比整体式螺纹铣刀稍差。因此，这类刀具常推荐用于加工铝合金材料。

图 9-4-9　机夹螺纹铣刀

4) 螺纹钻铣刀

螺纹钻铣刀由头部的钻削部分、中间的螺纹铣削部分及切削刃根部的倒角刃三部分组成，如图9-4-10所示。钻削部分直径就是刀具所能加工螺纹的底径。这类刀具通常用整体硬质合金制成，是一种中小直径内螺纹的高效加工刀具。螺纹钻铣刀可一次完成钻螺纹底孔、孔口倒角和内螺纹加工，减少了刀具使用数量，工作示意图如图9-4-11所示。

图 9-4-10　螺纹钻铣刀

由于这类刀具在选择时受钻削部分直径的限制,一把螺纹钻铣刀只能加工一种规格的内螺纹,因而其通用性较差,价格也比较昂贵。

图9-4-11 螺纹钻铣刀工作示意

铣螺纹主要分为以下工艺过程,如图9-4-12所示。

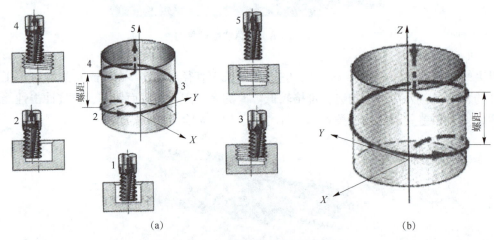

(a)   (b)

图9-4-12 螺纹铣削刀具路径示意
(a) 右旋螺纹;(b) 左旋螺纹

第一步:螺纹铣刀运动至孔深尺寸。

第二步:螺纹铣刀快速提升到螺纹深度尺寸,螺纹铣刀以90°或180°圆弧切入螺纹起始点。

第三步:螺纹铣刀绕螺纹轴线做X、Y方向圆弧插补运动,同时做平行于轴线的+Z向运动,即每绕螺纹轴线运动360°,沿+Z方向上升一个螺距,则三轴联动运行轨迹为一个螺旋线。

第四步:螺纹铣刀以圆弧路径从起始点(也是结束点)退刀。

第五步:螺纹铣刀快速退至工件安全平面,准备加工下一个孔。

该加工过程包括内螺纹铣削和螺纹清根铣削,采用一把刀具一次完成,加工效率很高。

从图9-4-12中可以看出,右旋内螺纹的加工是从里往外切削,左旋内螺纹的加工是从外向里切削,这主要是为了保证铣削时为顺铣,提高螺纹质量。

常用的螺纹精度检验工具有外螺纹千分尺和螺纹塞规与环规，如图9-4-13所示。

图9-4-13 螺纹的精度检验工具

六、练习与提高

编写程序加工如图9-4-14所示工件。

图9-4-14 "练习与提高"加工工件

任务五 镗孔加工

一、任务目标

- ❖ 掌握钻孔、扩孔加工的方法及刀具选择方法
- ❖ 掌握镗刀的安装调整方法及合理切削用量的选择
- ❖ 掌握镗孔固定循环指令的格式及用法
- ❖ 能够安全文明操作，掌握机床的维护与保养方法

二、任务资讯

镗孔是利用镗刀对工件上已有的孔进行扩大加工,其所用刀具为镗刀。对于孔径 >30 mm 的孔,常采用镗削方式完成孔的精加工。可调精镗刀如图 9-5-1 所示。

图 9-5-1 可调精镗刀

表 9-5-1 列出了常用的镗孔加工固定循环指令。

表 9-5-1 镗孔加工固定循环指令

G 代码	格式	加工动作（Z 方向）	孔底部动作	退刀动作（Z 方向）
G76	G76 X_ Y_ Z_ R_ Q_ F_ K_	切削进给	主轴定向停止,并有偏移动作	快速回退
G85	G85 X_ Y_ Z_ R_ F_ K_	切削进给	—	切削速度回退
G86	G86 X_ Y_ Z_ R_ F_ K_	切削进给	主轴停转	快速回退
G87	G87 X_ Y_ Z_ R_ P_ Q_ F_ K_	切削进给	主轴停转	快速回退
G88	G88 X_ Y_ Z_ R_ P_ F_ K_	切削进给	进给暂停,主轴停转	手动回退
G89	G89 X_ Y_ Z_ R_ P_ F_ K_	切削进给	进给暂停	切削速度回退

使用 G76 固定循环指令镗孔时,刀具到达孔底后主轴停转,与此同时,主轴回退一段距离使刀尖离开已加工表面,如图 9-5-2(a)所示,并快速返回。动作过程如图 9-5-2(b)(c)所示。该指令由于在 XY 平面内具有偏移功能,有效地保护了已加工表面,因此常用于精

镗孔加工。

图 9-5-2 G76 指令运动示意图

(a) G76 指令孔底退刀；(b) 刀具返回初始平面；(c) 刀具返回 R 点平面

G76 固定循环指令格式：

$${G98 \atop G99}$$ G76 X_ Y_ Z_ R_ Q_ F_ K_ 。

其中：Q_ 为刀具在孔底的偏移量。其余各参数含义与 G81 指令完全相同。

使用 G76 指令时必须注意以下两方面问题：Q_ 是固定循环内保存的模态值，必须小心指定，因为它也可指定 G73/G83 指令的每次钻深；使用 G76 指令前，必须确认机床是否具有主轴准停功能，否则可能会发生撞刀。

使用 G85 固定循环指令镗孔时，刀具到达孔底后以切削速度回退 R 点平面或初始平面。由于退刀时刀具转动容易刮伤已镗表面，因此该指令常用于粗镗孔。

在使用 G86 指令加工时，加工到孔底后主轴停止，返回初始平面或 R 点平面后，主轴再重新启动。如果连续加工的孔间距较小，可能出现刀具已经定位到下一个孔加工的位置而主轴尚未到达指定转速的情况，为此我们可以在各孔动作之间加入暂停 G04 指令，使主轴获得指定的转速。

背镗指令 G87 指令格式：

G98/G99 G87 X_ Y_ Z_ R_ Q_ P_ F_ 。

背镗指令的参数含义参照 G76 指令。执行 G87 指令循环时，刀具在 G17 平面内快速定位后，主轴准停，刀具向刀尖相反方向偏移 Q，然后快速移动到孔底（R 点）；在这个位置刀具按原偏移量反向移动相同的 Q 值，主轴正转并以切削进给方式加工到 Z 平面，主轴再次准停，并沿刀尖相反方向偏移 Q，快速提刀至初始平面并按原偏移量返回到 G17 平面的定位点，主轴开始正转，循环结束，如图 9-5-3 所示。注意：G87 指令循环不能用 G99 进行编程。

图 9-5-3 G87 指令动作

在使用 G89 指令加工时，刀具以切削进给的方式加工到孔底，然后又以切削进给的方式返回 R 点平面，因此适用于精镗孔等情况。在孔底增加暂停，提高了阶梯孔台阶表面的加工质量，如图 9-5-4（a）所示。

在使用 G88 指令加工时，刀具到达孔底后暂停，暂停结束后主轴停止且系统进入进给保持状态，在此情况下可以执行手动操作，但为了安全起见，应先把刀具从孔中退出，再启动加工，按循环启动按钮，刀具快速返回到 R 点平面或初始平面，然后主轴正转，如图 9-5-4（b）所示。

图 9-5-4　G88，G89 指令动作

（a）G89 G98 动作；（b）G88 动作

本任务要求完成如图 9-5-5 所示工件内孔的编程与加工。毛坯尺寸为 80 mm×80 mm×25 mm，材料为 45 钢，外轮廓已完成加工，内孔分别已粗加工至 ϕ35.6，ϕ49.6。

图 9-5-5　待加工工件

三、任务实施

➤ 加工准备

（1）详细阅读工件图，并按照图纸检查坯料的尺寸。

（2）编制加工程序，输入程序并选择该程序。

（3）用平口虎钳装夹工件，用百分表找正。

（4）安装寻边器，确定工件零点为坯料上表面的中心，设定可选择工件坐标系。

（5）选择合适的镗刀并对刀，设定加工相关参数，选择自动加工方式加工工件。

➤ 工艺分析及处理

1）工件图样分析

该工件材料为 45 钢，切削性能较好，孔直径尺寸精度较高，内孔分别已粗加工至 φ35.6、φ49.6。φ36 孔为通孔，φ50 孔为盲孔。

2）加工工艺分析

工件上要加工的孔的直径有 36 mm、50 mm 两种，故需要分别使用两把镗刀进行精加工。合理选择切削用量，相关刀具卡和工序卡见表 9-5-2 和表 9-5-3。

▼表 9-5-2　刀具卡

刀具号	刀具名称	刀具规格	刀具材料
T1	镗刀	φ36	硬质合金
T2	镗刀	φ50	硬质合金

▼表 9-5-3　工序卡

工步	工步内容	刀具号	主轴转速/ (r·min^{-1})	进给量/ (mm·min^{-1})	切削深度/ mm	切削余量/ mm
1	精镗 φ36 孔	T1	1 200	60		
2	精镗 φ50 孔	T2	600	60		

3）基点计算（略）

4）编写程序单

5）输入程序单

6）模拟、加工、检验。

➤ 参考程序

00001;	程序号。
N10　G90 G54 G40 G17 G69 G80;	程序初始化。
N20　M06 T01;	换 1 号刀，镗刀 φ36。
N30　G00 G43 H1 Z100;	执行 1 号长度补偿，Z 轴快速定位。

N40	M03 S1200;	主轴正转,转速1200 r/min。
N50	M08;	开冷却液。
N60	G90 G76 X0 Y0 Z-27 R5 F60;	镗孔。
N70	G80;	取消钻孔循环。
N80	M09;	关闭冷却液。
N90	M05;	主轴停转。
N100	G91 G28 Z0;	Z轴返回参考点。
N110	M06 T02;	换2号刀,镗刀φ50。
N120	G00 G43 H2 Z100;	执行2号长度补偿,Z轴快速定位。
N130	M03 S600;	主轴正转,转速600 r/min。
N140	M08;	开冷却液。
N150	G90 G87 X0 Y0 Z5 R-12 F60;	镗孔。
N160	G80;	取消钻孔循环。
N170	M09;	关闭冷却液。
N180	M05;	主轴停转。
N190	G91 G28 Z0;	Z轴返回参考点。
N200	M30;	程序结束。

➢ **注意事项**

单件加工过程中,造成镗孔尺寸不正确的主要原因是操作者对镗刀的调整不正确。常见的镗孔精度及误差产生原因见表9-5-4。

▼表9-5-4 常见的镗孔精度及误差产生的原因

出现的问题	产生的原因
表面粗糙度质量差	镗刀刀尖角或刀尖圆弧太小
	进给量过大或切削液使用不当
	工件装夹不牢固,加工过程中工件松动或振动
	镗刀刀杆刚度差,加工过程中产生振动
	精加工时采用不合适的镗孔固定循环,进退刀时划伤工件表面
孔径超差或孔呈锥形	镗刀回转半径调整不当,与所加工孔直径不符
	测量不正确
	镗刀在加工过程中磨损
	镗刀刚度不足,镗刀偏让
	镗刀刀头锁紧不牢固
孔轴线与基准面不垂直	工件装夹与找正不正确
	工件定位基准选择不当

四、任务评价

任务评价细则见表 9-5-5。

表 9-5-5 任务评价细则

项目	评分要素	配分	评分标准	检测结果	得分
编程 （20分）	加工工艺路线制定	5	加工工艺路线制定正确		
	刀具及切削用量选择	5	刀具及切削用量选择合理		
	程序编写正确性	10	程序编写正确、规范		
操作 （30分）	手动操作	10	对刀操作不正确扣5分		
	自动运行	10	程序选择错误扣5分； 启动操作不正确扣5分； f，v_c 调整不正确扣2分		
	参数设置	10	零点偏移设定不正确扣5分； 刀具半径补偿设定不正确扣5分		
工件质量 （30分）	形状	10	有一处过切扣2分； 有一处残余余量扣2分		
	尺寸	16	每超0.02 mm扣2分		
	表面粗糙度	4	每降一级扣1分		
工量刃具的使用与维护 （10分）	常用工量刃具的使用	10	使用不当每次扣2分		
安全文明生产（10分）	正确执行安全技术操作规程，按企业有关的文明生产规定，做到工作地方整洁，工件、工具摆放整齐	10	严格执行制度、规定者满分，执行差者酌情扣分		
综合评价					

五、相关资讯

镗刀的种类有很多，按切削刃数量可分为单刃镗刀、双刃镗刀等。

单刃镗刀头结构类似车刀，如图 9-5-6（a）、(b)、(c) 所示，用螺钉装夹在镗杆上，调节螺钉1起锁紧作用，紧固螺钉2用于调整尺寸。单刃镗刀刚度差，切削时容易引起振动，因此镗刀的主偏角选得较大，以减小径向力。在镗铸铁孔或精镗时，一般取 $K_r = 90°$；粗镗钢件孔时，取 $K_r = 60° \sim 75°$，可以提高刀具寿命。

通孔镗刀、盲孔镗刀、阶梯孔镗刀[图9-5-6（a）、（b）、（c）]所镗孔径的大小要靠调整刀具的悬伸长度来保证，调整较为麻烦，生产效率低，但结构简单，因此被广泛应用于单件、小批量零件生产。

如图9-5-6（d）所示，微调镗刀的径向尺寸可以通过带刻度盘的调整螺母在一定范围内进行微调，因而加工精度高，被广泛应用于孔的精镗。

1—调节螺钉；2—紧固螺钉。

图9-5-6 单刃镗刀

(a) 通孔镗刀；(b) 盲孔镗刀；(c) 阶梯孔镗刀；(d) 微调镗刀

双刃镗刀的两端有一对对称的切削刃同时参与切削，如图9-5-7所示。与单刃镗刀相比，这类镗刀每转进给量可提高一倍左右，生产效率高，还可消除切削力引起的镗杆振动，因此被广泛应用于大批零件的生产。

图9-5-7 双刃镗刀

表9-5-6列出了常用镗刀切削用量推荐值。

表9-5-6 常用镗刀切削用量推荐值　　　　　　　　　　mm

工序	切削用量 工件材料	铸铁		钢		铝及其合金	
		v_c/ (m·min^{-1})	f/ (mm·r^{-1})	v_c/ (m·min^{-1})	f/ (mm·r^{-1})	v_c/ (m·min^{-1})	f/ (mm·r^{-1})
粗镗	高速钢	20~50	0.4~0.5	15~30	0.35~0.7	100~150	0.5~1.5
	硬质合金	30~35		50~70		100~250	
半精镗	高速钢	20~35	0.15~0.45	15~50	0.15~0.45	100~200	0.2~0.5
	硬质合金	50~70		90~130			
精镗	高速钢	20~35	0.08				
	硬质合金	70~90	0.12~0.15	100~135	0.12~0.15	150~400	0.06~0.1

六、练习与提高

编写程序加工如图9-5-8所示工件孔。

图9-5-8 "提高与练习"加工工件

项目十　变量编程加工

一、任务目标

- 掌握变量的概念及运算
- 掌握宏程序的结构及类型
- 掌握简单工件的宏程序编制
- 激发学生的编程热情

二、任务资讯

1）宏程序的含义

以一组子程序的形式存储并带有变量的程序称为用户宏程序，简称宏程序；调用宏程序的指令称为用户宏程序指令或宏程序调用指令（简称宏指令）。普通的程序字为常量，一个程序只能描述一个几何形状，所以缺乏灵活性和适用性。而在用户宏程序的本体中，我们可以使用变量进行编程，还可以用宏指令对这些变量进行赋值、运算等处理。通过使用宏程序能执行一些有规律变化的动作。FANUC–0i数控系统的宏程序有 A 类和 B 类两种，A 类主要用代码实现，B 类不需要代码，相对 A 类而言比较直观、便于理解，本项目主要讲解 B 类宏程序。

2）变量

宏程序中的变量在常规的主程序和子程序内，总是将一个具体的数值赋给一个地址。为了使程序具有通用性、灵活性，故在宏程序中设置了变量。

3）变量的表示

变量用变量符号"#"和后面的变量号指定，例如#100。表达式也可以用来指定变量号，此时，表达式必须封闭在括号中，例如：#［#1＋#2－12］。

4）变量的类型及功能

变量的类型及功能见表 10–1（FANUC 数控系统）。

▼表 10–1　变量的类型及功能

变量类型	变量号	功　　能
空变量	#0	该变量总是空的，没有值能赋给该变量
局部变量	#1～#33	用在宏程序中存储数据

续表

变量类型	变量号	功　能
公共变量	#100～#199	断电时初始化为空
	#500～#999	断电后数据保存，不丢失
系统变量	#1000～#5335	用于读写CNC的各种数据，如刀具当前位置、补偿值等

5）变量值的范围

局部变量和公共变量可以有0值或下面范围中的值：$-10^{47} \sim -10^{29}$ 或 $10^{29} \sim 10^{47}$。

6）变量的赋值

在程序中对局部变量进行赋值时，可以通过自变量地址对局部变量进行传递。有Ⅰ和Ⅱ两种形式的自变量赋值方法。自变量赋值形式Ⅰ使用了除G，L，O，N和P以外的字母，每个字母对应一个局部变量，对应关系见表10－2。

▼表10－2　变量的赋值（对应）关系Ⅰ

自变量	局部变量	自变量	局部变量	自变量	局部变量	自变量	局部变量
A	#1	H	#11	R	#18	X	#24
B	#2	I	#4	S	#19	Y	#25
C	#3	J	#5	T	#20	Z	#26
D	#7	K	#6	U	#21		
E	#8	M	#13	V	#22		
F	#9	Q	#17	W	#23		

自变量形式Ⅱ使用A，B和C各1次和I，J，K各10次对局部变量赋值。自变量Ⅱ用于传递诸如三维坐标值的变量，对应关系见表10－3。

▼表10－3　变量的赋值（对应）关系Ⅱ

自变量	局部变量	自变量	局部变量	自变量	局部变量	自变量	局部变量
A	#1	I_3	#10	I_6	#19	I_9	#28
B	#2	J_3	#11	J_6	#20	J_9	#29
C	#3	K_3	#12	K_6	#21	K_9	#30
I_1	#4	I_4	#13	I_7	#22	I_{10}	#31
J_1	#5	J_4	#14	J_7	#23	J_{10}	#32
K_1	#6	K_4	#15	K_7	#24	K_{10}	#33
I_2	#7	I_5	#16	I_8	#25		
J_2	#8	J_5	#17	J_8	#26		
K_2	#9	K_5	#18	K_8	#27		

7) 变量的运算

在利用变量进行编程时，变量之间可以进行算术运算和逻辑运算。以 FANUC – 0i 数控系统为例，其算术运算的功能和格式见表 10 – 4，具体请参阅相应数控系统的编程手册。

▼表 10 – 4　算术运算指令

功　能	格　　式	备　注
赋　值	#i = #j	
加　法	#i = #j + #k	
减　法	#i = #j – #k	
乘　法	#i = #j * #k	
除　法	#i = #j / #k	
正　弦	#i = SIN［#j］	单位：度
余　弦	#i = COS［#j］	单位：度
正　切	#i = TAN［#j］	单位：度
反正切	#i = ATAN［#j］/［#k］	单位：度
反正弦	#i = ASIN［#j］	单位：度
反余弦	#i = ACOS［#j］	单位：度
平方根	#i = SQRT［#j］	
绝对值	#i = ABS［#j］	
舍　入	#i = ROUND［#j］	
上取整	#i = FIX［#j］	
下取整	#i = FUP［#j］	
自然对数	#i = LN［#j］	
指数函数	#i = EXP［#j］	
或	#i = #j OR #k	逻辑运算一位一位地按二进制数执行
异或	#i = #j XOR #k	
与	#i = #j AND #k	
从 BCD 转为 BIN	#i = BIN［#j］	用于与 PMC 的信号交换
从 BIN 转为 BCD	#i = BCD［#j］	

其逻辑运算的运算符和含义见表 10 – 5。

▼表 10 – 5　逻辑运算符及含义

运　算　符	含　义
EQ	等于（ = ）
NE	不等于（ ≠ ）

续表

运算符	含义
GT	大于（>）
GE	大于或等于（≥）
LT	小于（<）
LE	小于或等于（≤）

8）关于变量运算的几点说明

①上取整和下取整：CNC 处理数值运算时，若操作后产生的整数绝对值大于原数的绝对值，为上取整；反之为下取整。如：#1 = 1.2，#2 = -1.2，当执行#3 = FUP［#1］时，#3 = 2；#3 = FIX［#1］时，#3 = 1；#4 = FUP［#2］时，#4 = -2；#4 = FIX［#2］时，#4 = -1。

②混合运算时的运算顺序：与一般数学上的定义基本一致。如：#6 = COS［［［#5 + #4］* #3 + #2］* #1］（"［ ］"最多可以嵌套五级）。

③赋值与变量：赋值是将数据赋予一个变量。如#1 = 0，表示#1 的值是 0，"="是赋值号。

④赋值的规律：赋值号"="两边内容不能随意互换，左边只能是变量，右边可以是表达式、数值或变量；一个赋值语句只能给一个变量赋值；可以多次给一个变量赋值，新变量值将取代原变量（最后赋的值生效）。赋值语句具有运算功能，它的一般形式为：变量 = 表达式。赋值运算中，表达式可以是变量自身与其他数据的运算结果，如#1 = #1 + 1 表示#1 的值为#1 + 1。需要强调："#1 = #1 + 1"形式的表达式可以说是宏程序运行的"原动力"。任何宏程序几乎都离不开这种类型的赋值运算。

9）程序控制指令

宏程序为实现其灵活编程的功能，具有以下几种控制指令。

①无条件转移指令：程序段若要实现无条件转移功能，可以用 GOTO n 语句。当程序执行到此条语句时，将转移到标有顺序号 n 的程序段，n 的取值范围为 1 ~ 99 999。例如：GOTO 10，表示转移到语句标号 10 的程序段；GOTO#10，表示转移到 10 号变量指定的程序段。

②条件转移指令：条件转移指令的语句格式为

IF［条件表达式］ GOTO n

当指定的条件表达式满足时，则转移到标有顺序号 n 的程序段；当指定的条件表达式不满足时，则执行下一个程序段。

③循环指令：循环指令的语句格式为

WHILE［条件表达式］ DO m；

…

END m；

当指定条件满足时，则执行从 DO m 到 END m 之间的程序，否则，就转到 END m 后的程序段。采用循环指令须知：

a. m = 1，2，3，可以多次使用，最多嵌套 3 层。

b. 省略 WHILE，则产生从 DO 到 END 的无限循环。

c. WHILE 比 GOTO 处理速度快。

10）宏程序的调用

①非模态调用（G65）。在主程序中用 G65 指令可以实现子程序的非模态调用，调用格式如下：

G65 P×× L××（自变量指定）

其中，P×× 指要调用的子程序号；L×× 为调用次数，默认值为 1；自变量为主程序中传输到宏程序中的数据。宏程序调用 G65 不同于子程序调用 M98，用 G65 可以指定自变量数据传送到宏程序，M98 没有该功能；当 M98 程序段包含另一个 NC 指令（例如：G01 X100 M98 P_p）时，在指令执行之后调用子程序，相反，G65 为无条件地调用宏程序；当 M98 程序段包含另一个 NC 指令（例如：G01 X100 M98 P_p）时，在单程序段方式中机床停止，相反，G65 机床不停止；用 G65 改变局部变量的级别，而用 M98 不改变局部变量的级别。

②模态调用（G66、G67）。调用格式如下：

G66 P×× L××　（自变量指定）

其中，P×× 指要调用的子程序号；L×× 为调用次数，默认值为 1；自变量指定是指主程序中输到宏程序中的数据；G67 为取消模态调用。使用 G66 格式要注意 G66 程序段中不能调用多个程序段；G66 必须在自变量之前指定；指定 G67 代码时，其后面的程序段不再执行模态宏程序调用。

③宏程序的结构。宏程序可以分为"主程序"及被调用的"宏程序"。宏程序本体中，可以用普通 NC 指令、变量的 NC 指令、计算指令和转移指令等。以字母 O 后的程序号为开始，以 M99 为结束。例如：

O100；

…

G65 P1234 L12 A1.0 B2.0；

…

M30；

O1234；

#3 = #1 + #2；

IF［#3 GE 180］GOTO99；

G00 G91 X#3；

M99；

为了使宏程序表达方便，我们在很多情况下采用"一体化"的程序构成，即没有"主程序"及被调用的"宏程序"之分，而是在一个可以独立运行的完整的宏程序中完成所有的动作及指令，包括对各变量赋值等。这种结构的优点是思路相对简单，不易分散、混乱；缺点是在同一个程序中包含对变量的赋值，会使宏程序的"标准化"程度有所降低，特别在使用加工中心进行大批量、连续生产的情形下，加工参数的调整和程序调用等方面没那么方便（需要直接进入程序内部修改加工参数，而不仅是在主程序中修改加工参数和变量的赋值）。例如：

O101　　　　　　　　　　　铣孔加工。

G17 G40 G49 G69 G80 G90 G54

```
T2                              ϕ16 立铣刀。
S800 M03
G43 H1 Z30
G00 X0 Y0
#1 = 25                         孔直径。
#2 = 10                         孔深。
#3 = 16                         刀具直径。
#4 = 0                          Z 坐标赋初值。
#17 = 2                         每层切深。
#5 = [#1 - #3]/2                刀具中心的回转半径。
G00 X#5                         G00 移动到起始点上方。
Z[ - #4 + 3]
G1 Z - #4 F200
WHILE[ #4 LT #2] DO1
#4 = #4 + #17
G03 I - #5 Z - #4 F300
END1
G03 I - #5                      到达圆孔深度,此时#4 = #2,逆时针走整圆。
G01 X[ #5 - 1]                  G01 向中心回退 1。
G00 Z30
M30
```

本项目共有四个加工任务,会在后续详细描述。

三、任务实施

1. 椭圆槽加工

任务图纸如图 10-1 所示,选用合适的刀具加工如图 10-1 所示的工件,其毛坯尺寸为 90 mm × 90 mm × 20 mm,加工深度为 2 mm,完成椭圆槽切削加工。

> 加工准备

(1) 详细阅读工件图,并按照图纸检查坯料的尺寸。
(2) 编制加工程序,输入程序并选择该程序。
(3) 用平口虎钳装夹工件,伸出钳口 8 mm 左右,用百分表找正。
(4) 安装寻边器,确定工件零点为坯料上表面的中心,设定可选择工件坐标系。
(5) 选择合适的铣刀并对刀,设定加工相关参数,选择自动加工方式加工工件。

> 工艺分析及处理

1) 工件图样分析

该工件要求在毛坯为 90 mm × 90 mm × 20 mm 的长方体铝块上加工一个宽度为 12 mm 的椭圆槽。材料为硬铝,加工性能较好。精度要求一般,可以靠铣刀的直径保证槽的宽度。由于加工深度较浅,采用直接下刀的方式下刀。

▲ 图 10-1 椭圆槽加工

2) 加工工艺分析

（1）加工机床的选择。工件毛坯较小，选择 VM600 数控铣床加工该工件。

（2）根据图纸要求选择合适的刀具和切削用量（v_c, f, a_p）；确定工件的加工路线、下刀点、切入点、退刀点，相关刀具卡和工序卡见表 10-6 和表 10-7。

▼ 表 10-6 刀具卡

刀具号	刀具名称	刀具规格	刀具材料
T1	面铣刀	φ100	涂层刀片
T2	键槽铣刀	φ12	高速钢

▼ 表 10-7 工序卡

工步	工步内容	刀具号	主轴转速/ (r·min^{-1})	进给量/ (mm·min^{-1})	切削深度/ mm	切削余量/ mm
1	铣削上表面	T1	700	100	0.5	0
2	铣削椭圆槽	T2	800	150	2	0

3) 基点计算

由于数控系统一般只能实现直线和圆弧插补，而本工件的椭圆槽为平面非圆曲线，对于此类曲线如椭圆、正弦曲线、抛物线等轮廓一般采用直线逼近被加工轮廓的方法，通过公式计算各直线段的终点坐标，最后用 G 指令完成直线插补。

该椭圆的参数方程为 $X = 36 \times \cos\theta$，$Y = 26 \times \sin\theta$，θ 为角度变量，变化范围为 0°~360°，每次变化 1°。通过参数方程计算线段终点坐标，用 G01 指令进行直线插补，完成椭圆轮廓的走刀。下刀点为 (36, 0)，不采用刀具半径补偿。

4）编写程序单
5）输入程序单
6）模拟、加工、检验

➤ 参考程序（铣平面程序略）

程序	说明
O102	=> 程序号。
G17 G40 G49 G69 G80 G90 G54	=> 程序初始化。
S800 M03	=> 刀具正转，转速为 900 r/min。
G00 G43 H1 Z50	=> 建立长度补偿。
X36 Y0	=> 刀具平面定位点。
Z5	=> 到工件上表面 5 mm 处。
G01 Z-2 F80	=> Z 向下刀深度。
#1 = 0	=> 设定角度变量初始值。
#2 = 6	=> 刀具半径赋值。
#5 = 36	=> 椭圆 X 向半轴值。
#6 = 26	=> 椭圆 Y 向半轴值。
WHILE[#1 LE 360] DO1	=> 进入循环语句。
#3 = #5 * COS[#1]	=> 计算某一节点 X 坐标值。
#4 = #6 * SIN[#1]	=> 计算某一节点 Y 坐标值。
G1 X#3 Y#4 F150	=> 刀具作直线插补。
#1 = #1 + 1	=> 变量作增量变化。
END1	=> 循环结束标志。
G00 Z100	=> 快速抬刀至工件上方。
M30	=> 主轴停止，程序结束。

➤ 注意事项

（1）使用寻边器确定工件零点时应采用对边分中法。
（2）应根据加工情况随时调整进给开关和主轴转速倍率开关。
（3）键槽铣刀的垂直进给量不能太大，约为平面进给量的 1/3 ~ 1/2。

2. 含正弦曲线的外轮廓加工

任务图纸如图 10-2 所示，选用合适的刀加工如图 10-2 所示的工件，其毛坯尺寸为 90 mm × 90 mm × 20 mm，加工深度为 2 mm，完成正弦曲线的切削加工。

➤ 加工准备

（1）详细阅读工件图，并按照图纸检查坯料的尺寸。
（2）编制加工程序，输入程序并选择该程序。
（3）用平口虎钳装夹工件，伸出钳口 8 mm 左右，用百分表找正。
（4）安装寻边器，确定工件零点为坯料上表面的中心，设定可选择工件坐标系。
（5）选择合适的铣刀并对刀，设定加工相关参数，选择自动加工方式加工工件。

▲图 10-2 正弦曲线加工

➤ 工艺分析及处理

1）工件图样分析

该工件要求在毛坯为 90 mm×90 mm×20 mm 的长方体铝块上加工图 10-2 所示的外轮廓。材料为硬铝，加工性能较好。图中有一段半个周期的正弦曲线，我们采用直线逼近的方法加工该曲线。

2）加工工艺分析

（1）加工机床的选择。零件毛坯较小，选择 VM600 数控铣床加工该工件。

（2）根据图纸要求选择合适的刀具和切削用量（v_c, f, a_p）；确定工件的加工路线。刀具卡见表 10-8，工序卡见表 10-9。

▼表 10-8 刀具卡

刀具号	刀具名称	刀具规格	刀具材料
T1	面铣刀	$\phi 100$	涂层刀片
T2	立铣刀	$\phi 16$	高速钢

▼表 10-9 工序卡

工步	工步内容	刀具号	主轴转速/ (r·min^{-1})	进给量/ (mm·min^{-1})	切削深度/ mm	切削余量/ mm
1	铣削上表面	T1	700	100	0.5	0
2	铣削外轮廓	T2	800	150	2	0

3）基点计算

由于数控系统一般只能实现直线和圆弧插补，而本工件的正弦曲线为平面非圆曲线，对于该曲线轮廓一般采用直线逼近被加工轮廓的方法，通过公式计算各直线段的终点坐标，最后用 G 指令完成直线插补。

该曲线的参数方程为 $Y = 30 \times \sin x$，正弦曲线的幅值为 30，最小正半周期 180°所对应的长度为 60 mm，编写正弦曲线轮廓段程序时将半个周期 180°平均分成 180 份，每份在 X 轴上投影的长度为 60/180。设变量#1 为当前的角度，变化范围为 0°~180°。设变量#2 为当前的 Y 坐标，#2 = 30 * SIN [#1]。#3 为对应变量#1 在 X 轴上投影的长度，#3 = 60/180 * #1。通过方程计算线段终点坐标，用 G01 指令进行直线插补，完成正弦曲线轮廓的走刀。下刀点为（-60，-60），采用刀具半径补偿。

4）编写程序单

5）输入程序单

6）模拟、加工、检验

➢ 参考程序（铣平面程序略）

程序	说明
O103	=> 程序号。
G17 G40 G49 G69 G80 G90 G54	=> 程序初始化。
S800M03	=> 刀具正转，转速为 800 r/min。
G00 G43 H1 Z50	=> 建立长度补偿。
X -60Y -60	=> 刀具平面定位点。
Z5	=> 到工件上表面 5 mm 处。
G01 Z -2 F80	=> Z 向下刀深度。
G41 G01 X -30 D1	=> 建立刀具半径补偿。
Y0	=> 运行到 Y0 处。
#1 = 0	=> 设定角度变量初始值。
N10 #2 = 30 * SIN[#1]	=> 计算正弦曲线当前点的 Y 坐标。
#3 = 60/180 * #1 -30	=> 计算正弦曲线当前点的 Y 坐标。
G01 X#3 Y#2 F150	=> 刀具作直线插补。
#1 = #1 +1	=> 变量作增量变化。
IF[#1 LE 180] GOTO10	=> 终点判别。
Y -30,R5	=> 直线插补并倒圆。
X -30,R5	=> 直线插补并倒圆。
G91 G03 X -10 Y10 R10	=> 圆弧切出。
G90 G40 G00 X -60 Y -60	=> 撤销刀具半径补偿。
G00 Z100	=> 快速抬刀至工件上方。
M30	=> 主轴停止程序结束。

➢ 注意事项

(1) 使用寻边器确定工件零点时应采用对边分中法。

(2) 应根据加工情况随时调整进给开关和主轴转速倍率开关。

3. 半球体加工

任务图纸如图 10-3 所示，选用合适的刀具加工如图 10-3 所示的工件，其毛坯尺寸为 90 mm×90 mm×20 mm，完成半球体的切削加工。

本任务中毛坯尺寸较大，而加工球体直径较小，在实际中可以先做从大到小不同直径的圆柱体加工，最后加工半球体，这样可以节省材料。

▲图 10-3 半球体加工

➢ 加工准备

（1）详细阅读工件图，并按照图纸检查坯料的尺寸。

（2）编制加工程序，输入程序并选择该程序。

（3）用平口虎钳装夹工件，伸出钳口 13 mm 左右，用百分表找正。

（4）安装寻边器，确定工件零点为坯料上表面的中心，设定可选择工件坐标系。

（5）选择合适的铣刀并对刀，设定加工相关参数，选择自动加工方式加工工件。

➢ 工艺分析及处理

1）工件图样分析

该工件要求在毛坯为 90 mm×90 mm×20 mm 的长方体铝块上加工图 10-3 所示的半球体。材料为硬铝，加工性能较好。半球的半径为 10 mm。

2）加工工艺分析

（1）加工机床的选择。工件毛坯较小，选择 VM600 数控铣床加工该工件。

（2）根据图纸要求选择合适的刀具和切削用量（v_c, f, a_p）；确定工件的加工路线。

刀具卡见表 10 – 10，工序卡见表 10 – 11。

▼表 10 – 10　刀具卡

刀具号	刀具名称	刀具规格	刀具材料
T1	面铣刀	φ100	涂层刀片
T2	立铣刀	φ16	高速钢

▼表 10 – 11　工序卡

工步	工步内容	刀具号	主轴转速/ (r·min^{-1})	进给量/ (mm·min^{-1})	切削深度/ mm	切削余量/ mm
1	铣削上表面	T1	700	100	0.5	0
2	铣削直径为 20 mm 的圆柱体	T2	800	150	12	0
3	铣削半球体	T2	800	300	10	0

3）基点计算

加工本任务半球体，可以用若干个平行于 XY 平面的平面簇与半球相切割，切割所得的交线在 XY 平面的投影为一系列直径不相等的圆，而圆的加工用 G02 或 G03 就可以完成。切割面的位置通过 θ 角来控制，设 θ 角变量为#1，初始值为 0°，终止角为#2，角度为 90°，球的半径为#3，刀具半径为#7，对应 θ 角刀具实际刀位点（刀具底部中心点）的 X 坐标为#5，Y 坐标为 0，Z 坐标为#6，根据三角函数关系，可以得出刀位点的 X 坐标和 Z 坐标分别为#5 = #3 * COS［#1］+ #7，#6 = #3 * SIN［#1］– #3。

本例采用 G65 指令调用宏程序，自变量赋值 A0 表示#1 = 0 为初始角，B90 表示#2 = 90 为终止角，C10 表示#3 = 10 为球体半径，D8 表示#7 = 8 表示刀具半径。不采用刀具半径补偿。利用 G65 指令调用宏程序，当零件尺寸数据发生变化，例如本任务半球体的半径或刀具半径发生变化时，只需要在主程序里直接修改#3 和#7 的赋值，而不需要修改宏程序，所以该程序使用起来相对比较方便。

4）编写程序单

5）输入程序单

6）模拟、加工、检验

➢ 参考程序（铣平面及铣圆柱体程序略）

O104	=> 程序号。
G17 G40 G49 G69 G80 G90 G54	=> 程序初始化。
S800 M03	=> 刀具正转,转速为 800 r/min。
G00 G43 H1 Z50	=> 建立长度补偿。
X60 Y0	=> 刀具平面定位点。
Z5	=> 到工件上表面 5 mm 处。
G65 P105 A0 B90 C10 D8	=> 非模态调用宏程序自变量赋值。

```
G00 Z100                        => 快速抬刀至工件上方。
M30                             => 主轴停止程序结束。
O105
N10 #5=#3*COS[#1]+#7            => 计算当前刀心位置的 X 坐标。
#6=#3*SIN[#1]-#3                => 计算当前刀心位置的 Z 坐标。
G01 Z#6 F150                    => 刀具 Z 向定位。
X#5 Y0                          => 刀具平面定位。
G02 I-#5                        => 刀具走整圆。
#1=#1+1                         => 变量作增量变化。
IF[#1 LE #2] GOTO10             => 终点判别。
M99                             => 宏程序结束。
```

> 注意事项

(1) 使用寻边器确定工件零点时应采用对边分中法。

(2) 应根据加工情况随时调整进给开关和主轴转速倍率开关。

4. 轮廓倒角加工

任务图纸如图 10-4 所示，选用合适的刀具加工如图 10-4 所示的工件，其毛坯尺寸为 90 mm×90 mm×20 mm，完成轮廓倒角的切削加工。

▲图 10-4 轮廓倒角加工

> 加工准备

(1) 详细阅读工件图，并按照图纸检查坯料的尺寸。

(2) 编制加工程序，输入程序并选择该程序。

(3) 用平口虎钳装夹工件，伸出钳口 8 mm 左右，用百分表找正。

(4) 安装寻边器，确定工件零点为坯料上表面的中心，设定可选择工件坐标系。

(5) 选择合适的铣刀并对刀，设定加工相关参数，选择自动加工方式加工工件。

➢ 工艺分析及处理

1）工件图样分析

该工件要求在毛坯为 90 mm × 90 mm × 20 mm 的长方体铝块上加工图 10 - 4 所示半球体。材料为硬铝，加工性能较好。在图示轮廓上进行 $C2$ 倒角加工。

2）加工工艺分析

(1) 加工机床的选择。工件毛坯较小，选择 VM600 数控铣床加工该工件。

(2) 根据图纸要求选择合适的刀具和切削用量（v_c, f, a_p）；确定工件的加工路线。刀具卡见表 10 - 12，工序卡见表 10 - 13。

▼表 10 - 12 刀具卡

刀具号	刀具名称	刀具规格	刀具材料
T1	面铣刀	$\phi100$	涂层刀片
T2	立铣刀	$\phi12$	高速钢

▼表 10 - 13 工序卡

工步	工步内容	刀具号	主轴转速/$(r \cdot min^{-1})$	进给量/$(mm \cdot min^{-1})$	切削深度/mm	切削余量/mm
1	铣削上表面	T1	700	100	0.5	0
2	铣削 80 mm × 80 mm 的外形	T2	800	150	4	0
3	倒角 $C2$	T2	800	300	2	0

3）基点计算

轮廓倒角一般有三种加工方法：一是用成型铣刀铣削，简单方便，但是同一把成型刀只能用于相同尺寸的工件倒角，使用范围小，成本高，因此在小批量的工件加工中较少使用；二是用 CAD/CAM 软件进行自动编程生成刀具路径加工，生成的加工程序很长，要求用户掌握相关 CAD/CAM 软件知识，而且受刀具的影响较大，如果加工过程中刀具半径有所变化，那么必须利用软件重新完成程序的编制，然后再传输至机床加工，效率会相应地降低；三是使用球头铣刀或立铣刀逐层拟合成型加工，通过找出刀具中心与编程轮廓之间距离的变化规律，利用 FANUC 数控系统的可编程参数设定指令 G10 表达刀补值使用变量，将不断变化的刀补值赋值给半径补偿存储器，结合宏指令编写加工程序，从而实现棱边倒角的加工。用第三种方法编制的程序通用性较强，且程序较简洁。

G10 指令称为可编程参数设定指令，在程序中，用 H 或 D 地址指定的代码从存储器中选择刀具补偿值，该值用于刀具长度补偿、刀具半径补偿或刀具偏移，G10 指令的格式取决于使用的刀具补偿存储器，见表 10 - 14。

▼ 表 10-14　刀具补偿存储器的各类指令格式

刀具补偿存储器的种类	指令格式
H 代码的几何补偿值	G10L10P_R_
D 代码的几何补偿值	G10L12P_R_
H 代码的磨损补偿值	G10L11P_R_
D 代码的磨损补偿值	G10L13P_R_

上表指令格式中的 P 指刀具补偿号，R 表示刀具补偿值。当采用增量值指令方式时，R 表示刀具补偿值与指定的刀具补偿号内的值相加之和。本例编程轮廓为一个 80 mm × 80 mm 的圆角正方形，刀具从倒角底部 Z-2 处开始加工，此时刀具中心离编程轮廓的距离为实际刀具半径 6 mm，接下来 Z 方向按 0.1 的步距逐步上抬，刀具中心离编程轮廓的距离按公式 #4-[2-#8*TAN[#7]] 变化，通过 G10 指令调用半径补偿变量，最后到倒角顶部 Z0 处时，刀具中心离编程轮廓的距离变为 4 mm，采用刀具半径补偿编程。

4) 编写程序单
5) 输入程序单
6) 模拟、加工、检验

➢ 参考程序（铣平面及铣外形程序略）

O105	=> 程序号。
G17 G40 G49 G69 G80 G90 G54	=> 程序初始化。
S800 M03	=> 刀具正转，转速为 800 r/min。
G00 G43 H1 Z50	=> 建立长度补偿。
X-55 Y55	=> 刀具平面定位点。
Z5	=> 到工件上表面 5 mm 处。
#1 = -2	=> 倒角底部 Z 坐标。
#2 = 0	=> 倒角顶部 Z 坐标。
#3 = 0.1	=> Z 向每次上抬步距。
#4 = 6	=> 刀具半径。
#7 = 45	=> 倒角角度。
#8 = 2	=> 计算高度。
N10 #9 = #4-[2-#8*TAN[#7]]	=> 当前高度的半径补偿值。
G01 Z#1 F300	=> Z 向下刀。
G10 L12 P1 R#9	=> 可编程参数输入。
G41 G01 Y40 D1	=> 建立刀具半径补偿。
X40,R10	=> 轮廓加工。
Y-40,R10	=> 轮廓加工。
X-40,R10	=> 轮廓加工。
Y40,R10	=> 轮廓加工。

```
G01 X -28                    => 轮廓加工。
G40 G01 X -55 Y55            => 撤销刀具半径补偿。
#1 = #1 + #3                 => 增量变化。
#8 = #8 - #3                 => 增量变化。
IF[#1 LE #2] GOTO10          => 终点判别。
G00 Z100                     => 快速抬刀至工件上方。
M30                          => 程序结束。
```

> 注意事项

(1) 使用寻边器确定工件零点时应采用对边分中法。

(2) 应根据加工情况随时调整进给开关和主轴转速倍率开关。

四、任务评价

任务评价细则见表10-15。

表10-15 任务评价细则

项目	评分要素	配分	评分标准	检测结果	得分
编程 (20分)	加工工艺路线制定	5	加工工艺路线制定正确		
	刀具及切削用量选择	5	刀具及切削用量选择合理		
	程序编写正确性	10	程序编写正确、规范		
操作 (30分)	手动操作	10	对刀操作不正确扣5分		
	自动运行	10	程序选择错误扣5分； 启动操作不正确扣5分； f、v_c 调整不正确扣2分		
	参数设置	10	零点偏移设定不正确扣5分； 刀具半径补偿设定不正确扣5分		
工件质量 (30分)	形状	10	有一处过切扣2分； 有一处残余余量扣2分		
	尺寸	16	每超0.02 mm扣2分		
	表面粗糙度	4	每降一级扣1分		
工量刃具的 使用与维护 (10分)	常用工量刃具的使用	10	使用不当每次扣2分		

续表

项目	评分要素	配分	评分标准	检测结果	得分
安全文明生产（10分）	正确执行安全技术操作规程，按企业有关的文明生产规定，做到工作地方整洁，工件、工具摆放整齐	10	严格执行制度、规定者满分，执行差者酌情扣分		
综合评价					

五、相关资讯

1）宏程序与普通程序对比

一般定义上讲的数控指令其实是指 ISO 代码指令编程，即每个代码的功能是固定的，用户只需要按照数控系统规定编程即可。但有时这些指令满足不了用户需要，系统因此提供给用户宏程序功能，让用户可对数控系统进行一定的功能扩展。宏程序与普通程序对比情况见表 10-16。

▼表 10-16　宏程序与普通程序对比

普通程序	宏程序
只能使用常量	可以使用变量，并给变量赋初值
常量之间不可以运算	变量之间可以运算
程序只能顺序执行，不能跳转	程序运行可以跳转

2）数控编程技术的应用现状

我国六成以上的数控铣（加工中心）都被应用在模具行业。由于模具加工的特殊性，普通的手工编程已无法满足需求，所以 CAD/CAM 软件在相关企业得到广泛应用，UG，Cimatron，Mastercam 等软件也被引入职业院校的教学中。

3）宏程序编程的技术特点

宏程序的主要特点可以概括为：简单便捷，能解决"疑难杂症"，通用性与灵活性较强，适用于机械工件的批量生产。

与 CAD/CAM 软件生成程序相比，宏程序比较短小，而 CAD/CAM 软件生成的程序通常量都较大，有些系统内存不够大，只能采用 DNC 在线加工，影响加工速度；CAD/CAM 软件计算的刀轨存在一定的弊端，它实质上是在允许的误差值范围内沿每条路径用直线去逼近曲面的过程，当执行真正的整圆或圆弧轨迹时，软件无法智能地判断这是整圆还是圆弧，生成的程序并不是 G02/G03 指令，而是用 G01 逐点逼近形成"圆"，而宏程序不存在这个问题。

六、练习与提高

在 90 mm × 90 mm × 20 mm 的长方体铝块上用 φ10 麻花钻加工如图 10-5 所示的孔，深度为通孔，根据给定参数试用宏程序编程。

图 10-5 均布孔加工

项目十一　自动编程加工

一、任务目标

❖ 掌握铣加工和自动编程的基本知识
❖ 掌握刀具轨迹生成功能和编辑功能的使用方法
❖ 掌握铣削自动编程的综合应用技能

二、任务资讯

1. 自动编程的含义

相对于手动编程而言，自动编程是利用计算机专用软件来编制数控加工程序，编程人员只需根据工件图样的要求，使用数控语言，由计算机自动地进行数值计算及后置处理，编写出工件加工程序单。加工程序通过直接通信的方式送入数控机床，指挥机床工作。自动编程使得一些计算烦琐、手工编程困难或无法编出的程序能够顺利地完成。

2. CAXA 制造工程师

CAXA 制造工程师将 CAD 模型与 CAM 加工技术无缝集成，可直接对曲面、实体模型进行一致的加工操作。它支持轨迹参数化和批处理功能，能明显地提高工作效率；支持高速切削，大幅度提高加工效率和加工质量。通用的后置处理可向任何数控系统输出加工代码。

1）2~3 轴的数控加工功能，支持 4~5 轴加工

2~2.5 轴加工方式：可直接利用工件的轮廓曲线生成加工轨迹指令，而无须建立其三维模型；提供轮廓加工和区域加工功能，加工区域内允许有任意形状和数量的岛；可分别指定加工轮廓和岛的拔模斜度，自动进行分层加工。3 轴加工方式：多样化的加工方式可以安排从粗加工、半精加工到精加工的加工工艺路线。4~5 轴加工模块提供曲线加工、平切面加工、参数线加工、侧刃铣削加工等多种 4~5 轴加工功能。标准模块提供 2~3 轴铣削加工。4~5 轴加工为选配模块。

2）支持高速加工

本系统支持高速切削工艺，以提高产品精度，降低代码数量，使加工质量和效率大大提高。可设定斜向切入和螺旋切入等接近和切入方式，拐角处可设定圆角过渡，轮廓与轮廓之间可通过圆弧或"S"字型方式来过渡形成光滑连接，从而生成光滑刀具轨迹，有效地满足

高速加工对刀具路径形式的要求。

3）参数化轨迹编辑和轨迹批处理

CAXA 制造工程师的"轨迹再生成"功能可实现参数化轨迹编辑。用户只需选中已有的数控加工轨迹，修改原定义的加工参数表，即可重新生成加工轨迹。CAXA 制造工程师可以先定义加工轨迹参数，而不立即生成轨迹。工艺设计人员可先将大批加工轨迹参数事先定义而在某一集中时间批量生成，这样可以提升工作效率。

4）独具特色的加工仿真与代码验证

本系统可直观、精确地对加工过程进行模拟仿真，对代码进行反读校验。系统在仿真过程中可以随意放大、缩小、旋转，便于观察细节；可以调节仿真速度；可以显示多道加工轨迹的加工结果；可以检查刀柄干涉、快速移动过程（G00）中的干涉、刀具无切削刃部分的干涉等情况；可以将切削残余量用不同颜色区分表示，并把切削仿真结果与工件理论形状进行比较等。

5）加工工艺控制

CAXA 制造工程师提供了丰富的工艺控制参数，可以方便地控制加工过程，使编程人员的经验得到充分的体现。

6）通用后置处理

CAXA 制造工程师全面支持 SIEMENS、FANUC 等多种主流机床控制系统。CAXA 制造工程师提供的后置处理器，无须生成中间文件就可输出 G 代码控制指令。系统可以提供常见的数控系统的后置格式，用户还可以定义专用数控系统的后置处理格式。系统可生成详细的加工工艺清单，方便 G 代码文件的应用和管理。

3. CAXA 制造工程师实现数控加工的过程

（1）看懂图纸，用曲线、曲面和实体表达工件。

（2）根据工件形状，选择合适的加工方法，生成刀具轨迹。

（3）在"后置设置"中，针对数控系统进行配置。

（4）生成 NC 代码，传递给数控机床的控制系统。

4. 工件坐标系

工件坐标系是编程人员在（手工、自动）编制数控加工程序（即 NC 代码）时，根据工件的特点所确定的坐标系。为编程方便，工件坐标系的原点应遵循以下原则：在工件图的尺寸基准上；在对称工件的对称中心上；在不对称工件的某一角点上；在精度较高工件的表面上。

5. 刀具

CAXA 制造工程师主要针对数控铣加工，目前提供三种铣刀：端面（$r=0$）、球刀（$r=R$）和 R 刀（$r<R$），其中 R 为刀具半径，r 为刀角半径。

6. 毛坯

（1）定义毛坯

①两点方式是指通过拾取两个角点（与顺序、位置无关）来定义毛坯。

②三点方式是指通过拾取基准点和两个角点（与顺序、位置无关）来定义毛坯。

③参照模型方式是指系统根据工件形状和尺寸，自动计算出工件的包围盒，以此作为毛坯。

（2）起始点用来定义整个加工开始时刀具的最初移动点和加工结束后刀具的回归点，可通过输入点坐标或者拾取点来设定。起始点的高度应大于安全高度。

（3）安全高度是指保证在此高度以上可以快速走刀而不会发生碰撞工件或夹具的高度。安全高度应高于工件的最大高度。

（4）刀具库用来定义、确定刀具的有关数据，分为系统刀库和机床刀库两种类型。

系统刀库是与机床无关的刀具库。可以把所有要用到的刀具参数都建立在系统刀库，然后利用这些刀具对各种机床进行编程。机床刀库是与不同机床控制系统相关联的刀具库。当改变机床时，相应的刀具库也会自动切换到与该机床对应的刀具库。这种刀具库可同时对应多个加工中心编程。

➤ 任务分析

加工图 11-1 所示的凸台。

▲图 11-1 凸台

（1）分析凸台加工的基本步骤。凸台加工的基本步骤如图 11-2 所示。

▲图 11-2 凸台加工基本步骤

(a) 线框造型；(b) 外台加工；(c) 凹腔加工；(d) 通孔加工

（2）工件坐标原点与装夹。为了与设计基准保持一致，我们将工件坐标原点选在工件表面中心处；用毛坯底面、侧面定位，用虎钳夹紧。

三、任务实施

生成刀具轨迹的具体操作步骤如下。

1. 定义加工毛坯

（1）线框造型。凸台的加工造型为线框造型。应用曲线工具完成凸台加工造型，注意绘出孔的中心位置点，如图 11-3 所示。

▲图 11-3 凸台线框造型

（2）定义毛坯。在生成刀具轨迹之前，系统要求先定义毛坯尺寸。

①在"加工管理"特征树的【毛坯】上单击鼠标右键，在弹出的快捷菜单中选择【定义毛坯】命令，在弹出的【定义毛坯】的对话框中，设置各项参数，如图 11-4 所示。

②设置完毕后，单击 确定 按钮，完成毛坯的定义，如图 11-5 所示。

▲图 11-4 设置参数　　　　▲图 11-5 定义毛坯

2. 轮廓线精加工外台轮廓

（1）设置轮廓线精加工参数，采用轮廓线加工的方法加工外台。单击 按钮，在弹出的【轮廓线精加工】对话框中设置各项参数。应用直径为 20 mm 的端刀加工，参数设置如图 11-6 所示。

▲图 11-6　轮廓线精加工参数设置

(a)【加工参数】设置；(b)【切入切出】设置；(c)【下刀方式】设置；(d)【切削用量】设置

(e)

(f)

(g)

▲图 11-6 轮廓线精加工参数设置（续）

(e)【刀具参数】设置；(f)【加工边界】设置；(g)【公共参数】设置

(2) 生成轮廓加工刀具轨迹。选择六边形外圈加工轮廓（图 11 – 7），加工方向为顺时针方向。选择完毕后，单击鼠标右键确定，刀具轨迹计算生成，如图 11 – 8 所示。

▲图 11 – 7　轮廓线

▲图 11 – 8　轮廓线精加工轨迹

(3) 刀具轨迹仿真。选择【加工】/【实体仿真】命令，选择已生成的刀具轨迹，进入【CAXA 轨迹仿真】窗口，如图 11 – 9 所示。

▲图 11 – 9　【CAXA 轨迹仿真】窗口

(4) 在【CAXA 轨迹仿真】窗口中进行仿真操作。单击 按钮弹出【仿真加工】对话框，如图 11 – 10 所示。

项目十一　自动编程加工

▲图 11-10　【仿真加工】对话框

（5）单击 ▶ 按钮，轨迹仿真开始，加工结果如图 11-11 所示。关闭【仿真加工】对话框，关闭【CAXA 轨迹仿真】窗口，外台轮廓刀具轨迹设置完成。

▲图 11-11　【CAXA 轨迹仿真】窗口

（6）为了便于后续刀具轨迹的设置，我们可以用鼠标右键单击特征树中的加工轨迹，在弹出的快捷菜单中选择【隐藏】命令，将轨迹隐藏。

3. 区域式粗加工内腔

（1）设置区域式加工的粗加工参数。采用区域式粗加工的方法加工内腔时，我们将加工余量设置为"0"，可以完成内腔的精加工，应用直径为 10 mm 的短刀加工。

（2）选择【加工】/【粗加工】/【区域式粗加工】命令，或在【加工工具栏】中单击 按钮，在弹出的对话框中设置各项参数，具体参数设置如图 11-12 所示。

119

▲图 11-12 【区域式粗加工】对话框参数设置

(a)【加工参数】设置；(b)【刀具参数】设置；
(c)【公共参数】设置；(d)【加工边界】设置

（3）生成轮廓线加工刀具轨迹。选择六边形内圈为加工轮廓，四边形为岛，刀具轨迹完成，如图 11-13 所示。

▲图 11-13　选择加工轮廓和岛生成刀具轨迹
（a）选择内轮廓；（b）选择岛；（c）生成刀具轨迹

（4）刀具轨迹仿真。选择【加工】/【实体仿真】命令，选择已生成的刀具轨迹，进入【CAXA 轨迹仿真】窗口。单击 ▶ 按钮，区域粗加工轨迹仿真开始，仿真结果如图 11-14 所示。

▲图 11-14　区域粗加工轨迹仿真结果

4. 加工凸台通孔

(1) 采用孔加工的方法加工 4 个通孔。选择【加工】/【其他加工】/【孔加工】命令，或在【加工工具栏】中单击 按钮，弹出【孔加工】对话框。在对话框中设置各项参数，应用直径为 10 mm 的钻头加工。为保证是通孔，钻孔深度应大于零件厚度，详细参数设置如图 11-15 所示。

▲图 11-15　【孔加工】对话框参数设置
(a)【刀具参数】设置；(b)【加工参数】设置；(c)【公共参数】设置

(2) 生成孔加工刀具轨迹。依次选择 4 个孔心点，选择完毕后，单击鼠标右键确定，刀具轨迹完成，如图 11-16 所示。

项目十一　自动编程加工

▲图 11-16　生成刀具轨迹

（3）刀具轨迹仿真。选择【加工】/【实体仿真】命令，选择已生成的刀具轨迹，进入【CAXA 轨迹仿真】窗口。单击 ▶ 按钮，孔加工轨迹仿真开始，仿真结果如图 11-17 所示。

▲图 11-17　孔加工轨迹仿真结果

5. 生成 G 代码

（1）选择【加工】/【后置处理】/【生成 G 代码】命令。
（2）确定程序保存路径及文件名。
（3）依次选取刀具轨迹，注意选取的顺序即加工的顺序。
（4）选择完毕后，单击鼠标右键确定，系统自动生成程序代码。可根据所应用的数控机床的要求，适度修改程序内容。

四、任务评价

任务评价细则见表 11-1。

表 11-1 任务评价细则

项 目 名 称					
学 生 姓 名			专　　业		
班　　级			活动时间		
活 动 地 点			组　　别		
同组学生姓名					
学生自我评价	评价要素		评价等级		
			☺	😐	☹
	在教学活动中完成工作的态度				
	熟练运用基本操作技能情况				
	运用专业知识解决实际问题的能力				
	在与同学合作交流中，团结协作情况				
	教学活动中守纪的情况				
	完成情况	创建新文件，并设置绘图环境			
		定义加工毛坯			
		轮廓线精加工外台轮廓			
		区域式粗加工内腔			
		加工凸台通孔			
		生成 G 代码			
	综合评价				
小组评价					
教师评价					

五、相关资讯

1. 自动编程与手动编程的对比

对于点位加工或几何形状不太复杂的工件，程序编制计算比较简单，程序段不多，可进行手工编程。但对于轮廓形状不是由简单的直线、圆弧组成的复杂工件，特别是空间曲面工件以及程序量很大、计算相当烦琐、易出错、难校对的工件，手工编制程序很难完成，甚至无法实现。因此，为了缩短生产周期，提高生产效率，减少出错率，解决各种复杂工件的加工问题，我们必须采用自动编程方法。

2. 自动编程技术的应用现状

华南（珠三角）、华东（上海及江浙）是中国制造业高度发达的地区，我国六成以上的数控铣（加工中心）都被应用在模具行业。由于模具加工的特殊性，普通的手工编程已无法满足需求，所以 CAD/CAM 软件在相关企业得到了广泛应用，UG，Cimatron，Mastercam 等软件也被引入职业院校的教学中。

3. 数控自动编程的技术特点

在机械加工中，数控加工的份额日益增加。由于传统数控加工依靠手工编程，效率低、易出错、加工对象简单，限制并影响了数控机床的应用，而自动编程技术可以减少加工前的准备工作，因此，自动编程正逐渐成为主要的编程方式。利用数控加工机床进行 NC 加工制造，配合计算机工具，可以减少夹具的设计与制造、工件的定位与装夹时间，可以减少加工误差。利用计算机辅助制造技术可以在制造加工前进行加工路径模拟仿真，以减少加工过程中的误差和干涉检查，进而节约制造成本。配合各种多轴加工机床，可以在同一机床上对复杂的工件按照各种不同的程序进行加工，提高了加工的灵活性。数控加工机床按照所设计的程序进行加工，可准确地预估加工所需的时间，以控制工件的制造加工时间，并且，设计的程序数据可以被重复利用。

六、练习与提高

分析图纸，加工如图 11-18 所示的凸台。

图 11-18　凸台工件

项目十二 综合训练（一）

一、任务目标

- 进一步掌握旋转指令的编程和应用技巧
- 进一步掌握综合件的工艺分析和编程
- 进一步掌握椭圆的编程与加工
- 进一步掌握综合件的加工

二、任务资讯

本项目以图12-1为例（评分记录见表12-1），通过对综合件的加工，熟练掌握型腔类工件的加工技巧，同时进一步掌握椭圆轮廓的宏程序编程和加工。

▲图12-1 综合训练（一）

▼ 表 12-1 评分记录

序号	考核内容	考核要点	配分	评分标准	检测结果	扣分	得分
1	内轮廓 (21 分)	80±0.02	4	每超差 0.01 扣 1.5 分,超差 0.02 以上不得分			
		80±0.02	4	每超差 0.01 扣 1.5 分,超差 0.02 以上不得分			
		4×R10	4	每处 1 分,超差不得分			
		深度 $4_{-0.05}^{0}$	4	每超差 0.01 扣 1.5 分,超差 0.02 以上不得分			
		Ra 3.2	5	降一级不得分			
2	椭圆凸台 (24 分)	椭圆	2	形状不对不得分			
		40	2	超差不得分			
		50	2	超差不得分			
		高度 2	2	超差不得分			
		30°	2	超差不得分			
		$\phi25_{0}^{+0.021}$	8	每超差 0.01 扣 1.5 分,超差 0.02 以上不得分			
		Ra 1.6	6	降一级不得分			
3	菱形沉槽 (18 分)	33	2	超差不得分			
		$18_{0}^{+0.03}$	5	每超差 0.01 扣 2 分,超差 0.02 以上不得分			
		深度 2	2	超差不得分			
		45°	2	超差不得分			
		60°	2	超差不得分			
		Ra 3.2	5	降一级不得分			
4	沉头圆孔 (27 分)	$\phi18$	2	超差不得分			
		$2\times\phi10_{0}^{+0.02}$	14	每处 7 分,每超差 0.01 扣 3 分,超差 0.02 以上不得分			
		深度 $4_{-0.05}^{0}$	5	每超差 0.01 扣 2 分,超差 0.02 以上不得分			
		Ra 1.6	6	降一级不得分			
5	加工工艺 (4 分)	合理选用刀具、量具	2	不合理扣分			
		加工顺序、刀具轨迹合理	2	不合理扣分			

续表

序号	考核内容	考核要点	配分	评分标准	检测结果	扣分	得分
6	程序编制（4分）	完成所有程序编制	2	未全部完成扣2分			
		程序编制合理，能正确使用刀具半径补偿	2	酌情扣分			
7	安全文明生产（2分）	着装规范，行为文明；机床操作规范；刀量具摆放规范；正确保养机床、刀量具	2	着装不规范、行为不文明扣0.5分；机床操作不规范扣0.5分；刀量具摆放不规范扣0.5分；不能正确保养机床、刀量具扣0.5分			
合计			100				

三、任务实施

➢ 加工准备

(1) 详细阅读工件图，并按照图纸检查坯料的尺寸。

(2) 编制加工程序，输入程序并选择该程序。

(3) 用平口虎钳装夹工件，工件伸出钳口 8 mm 左右，用百分表找正。

(4) 安装寻边器，确定工件零点为坯料上表面的中心，设定可选择工件坐标系。

(5) 选择合适的铣刀并对刀，设定加工相关参数，选择自动加工方式加工工件。

➢ 工艺分析及处理

1) 工件图样分析

本工件加工主要是加工内轮廓，即一个菱形槽和一个倾斜的椭圆台。椭圆台的程序必须用旋转指令和宏指令来编程；两个倾斜的菱形槽，要使用旋转指令，并注意旋转角度的大小和正负；两个孔要钻和铰，以保证其尺寸精度和位置精度；铣两个沉头圆孔。

2) 加工工艺分析

(1) 加工机床的选择。

(2) 根据图纸要求选择合适的刀具和切削用量（v_c，f，a_p）。确定工件的加工路线、下刀点、切入点、退刀点。相关刀具卡和工序卡见表 12-2 和表 12-3。

▼表 12-2　刀具卡

刀具号	刀具名称	刀具规格	刀具材料
T1	面铣刀	φ60	涂层刀片
T2	立铣刀	φ12	高速钢
T3	立铣刀（粗加工）	φ6	高速钢
T4	立铣刀（精加工）	φ6	高速钢
T5	钻头	φ8.5	高速钢
T6	钻头	φ9.8	高速钢
T7	铰刀	φ10H7	高速钢
T8	镗刀		涂层刀片

▼表 12-3　工序卡

工步	工步内容	刀具号	主轴转速/ (r·min^{-1})	进给量/ (mm·min^{-1})	切削深度/ mm	切削余量/ mm
1	铣削上表面	T1	700	100	0.5	0
2	粗铣内轮廓	T2	800	150	4	0.2
3	粗铣椭圆	T2	800	150	2	0.2
4	粗铣 φ25 圆	T2	800	150	20	0.2
5	铣 φ18 沉头圆孔	T2	800	150	4	0
6	粗铣菱形沉槽	T3	1 000	80	2	0.2
7	精铣内轮廓	T4	1 200	200	4	0
8	精铣椭圆	T4	1 200	200	2	0
9	精铣菱形沉槽	T4	1 200	200	2	0
10	精镗 φ25 圆孔	T8	2 500	50	20	0
11	钻孔	T5	800	100	25	0
12	钻孔	T6	600	100	25	0
13	铰孔	T7	100	40	22	0

3）程序编制

参考程序（略）。

4）模拟、加工、检验

➢ 注意事项

（1）使用寻边器确定工件零点时应采用碰双边法。

（2）精铣时采用顺铣法，以提高尺寸精度和表面质量。

(3) 使用椭圆参数方程编程时的角度增量不应太大，否则容易引起椭圆轮廓表面粗糙。

(4) 铣削加工后，需用锉刀或去毛器去除毛刺。

四、任务评价

任务评价细则见表12-4。

表12-4 任务评价细则

项目	评分要素	配分	评分标准	检测结果	得分
编程 (20分)	加工工艺路线制定	5	加工工艺路线制定正确		
	刀具及切削用量选择	5	刀具及切削用量选择合理		
	程序编写正确性	10	程序编写正确、规范		
操作 (30分)	手动操作	10	对刀操作不正确扣5分		
	自动运行	10	程序选择错误扣5分； 启动操作不正确扣5分； f, v_c 调整不正确扣2分		
	参数设置	10	零点偏移设定不正确扣5分； 刀具半径补偿设定不正确扣5分		
工件质量 (30分)	形状	10	有一处过切扣2分； 有一处残余余量扣2分		
	尺寸	16	每超0.02 mm扣2分		
	表面粗糙度	4	每降一级扣1分		
工量刃具的使用与维护 (10分)	常用工量刃具的使用	10	使用不当每次扣2分		
安全文明生产(10分)	正确执行安全技术操作规程，按企业有关的文明生产规定，做到工作地方整洁，工件、工具摆放整齐	10	严格执行制度、规定者满分，执行差者酌情扣分		
综合评价					

五、练习与提高

编制如图 12-2 所示工件的加工程序。

图 12-2 课后练习一

项目十三　综合训练（二）

一、任务目标

- 掌握极坐标指令的编程和应用技巧
- 掌握坐标系旋转指令的编程和应用技巧
- 掌握变量编程方法和应用技巧
- 进一步掌握综合件的工艺特点

二、任务资讯

本项目以图 13-1 为例（评分记录见表 13-1），通过对各种轮廓的加工，熟练掌握极坐标指令、坐标系旋转指令、变量编程方法的运用，同时进一步掌握各种复杂工件的编程和加工。

▲图 13-1　综合练习（二）

▼表 13-1 评分记录表

序号	考核内容	考核要点	配分	评分标准	检测结果	扣分	得分
1	正方形轮廓（15分）	88±0.05	10	每处5分，每超差0.01扣3分，超差0.02以上不得分			
		18±0.1	3	超差不得分			
		4×R10 倒角	2	形状不对不得分			
2	圆弧槽（15分）	$2 \times 11^{+0.03}_{0}$	6	每处3分，每超差0.01扣2分，超差0.02以上不得分			
		φ60	2	超差不得分			
		角度5°	3	超差不得分			
		深度4	2	超差不得分			
		Ra 3.2	2	降一级不得分			
3	孔（14分）	2×φ10H7	8	每处4分，每超差0.01扣2分，超差0.02以上不得分			
		68±0.02	2	超差不得分			
		Ra 1.6	4	降一级不得分			
4	凸台（21分）	$\phi80^{0}_{-0.04}$	3	每超差0.01扣2分，超差0.02以上不得分			
		$\phi60^{0}_{-0.04}$	3	每超差0.01扣2分，超差0.02以上不得分			
		$6 \times 16^{0}_{-0.04}$	6	每处1分，超差不得分			
		12×R6.5，12×R4	3	形状不对，酌情扣分			
		高度$6^{0}_{-0.04}$	3	超差不得分			
		Ra 3.2	3	降一级不得分			
5	圆孔（25分）	$\phi25^{+0.03}_{0}$	6	超差不得分			
		Ra 1.6	4	降一级不得分			
		φ30	2	超差不得分			
		倒角60°	5	未完成不得分			
		$2 \times 40^{+0.03}_{0}$	6	每处3分，每超差0.01扣2分，超差0.02以上不得分			
		深度5	2	超差不得分			

续表

序号	考核内容	考核要点	配分	评分标准	检测结果	扣分	得分
6	加工工艺（4分）	合理选用刀具、量具	2	不合理扣分			
		加工顺序、刀具轨迹合理	2	不合理扣分			
7	程序编制（4分）	完成所有程序编制	2	未全部完成扣分			
		程序编制合理，能正确使用刀具半径补偿	2	酌情扣分			
8	安全文明生产（2分）	着装规范，行为文明；机床操作规范；刀量具摆放规范；正确保养机床、刀量具	2	着装不规范，行为不文明扣0.5分；机床操作不规范扣0.5分；刀量具摆放不规范扣0.5分；不能正确保养机床、刀量具扣0.5分			
合计			100				

三、任务实施

➢ 加工准备

（1）详细阅读工件图，并按照图纸检查坯料的尺寸。

（2）编制加工程序，输入程序并选择该程序。

（3）用平口虎钳装夹工件，整个工件需要两次装夹，第一次装夹时毛坯需要伸出钳口 13 mm 以上，用百分表找正；第二次装夹时工件伸出钳口 8 mm 左右，用百分表找正。

（4）安装寻边器，确定工件零点为坯料上表面的中心，设定可选择工件坐标系。

（5）选择合适的铣刀并对刀，设定加工相关参数，选择自动加工方式加工工件。

➢ 工艺分析及处理

1）工件图样分析

了解工件的材质、尺寸要求、形位公差、精度要求、加工形状（毛坯为 88 mm × 88 mm × 18 mm 的长方体钢块）。

2）加工工艺分析

（1）加工机床的选择。

(2) 根据图纸要求选择合适的刀具和切削用量（v_c，f，a_p）；确定工件的加工路线、下刀点、切入点、退刀点。相关刀具卡和工序卡见表 13 – 2 和表 13 – 3。

▼表 13 – 2　刀具卡

刀具号	刀具名称	刀具规格	刀具材料
T1	面铣刀	φ60	涂层刀片
T2	立铣刀	φ12	高速钢
T3	立铣刀（粗加工）	φ10	高速钢
T4	立铣刀（精加工）	φ10	高速钢
T5	钻头	φ8.5	高速钢
T6	钻头	φ9.8	高速钢
T7	铰刀	φ10H7	高速钢
T8	镗刀		涂层刀片

▼表 13 – 3　工序卡

工序	工步	工步内容	刀具号	主轴转速/（r·min^{-1}）	进给量/（mm·min^{-1}）	切削深度/mm	切削余量/mm
加工圆弧槽面	1	铣削上表面	T1	700	100	0.5	0
	2	粗铣正方形轮廓	T2	800	150	12.5	0.2
	3	粗铣 φ25 圆孔	T2	800	150	18.5	0.2
	4	粗铣圆弧槽	T3	900	150	4	0.2
	5	精铣正方形轮廓	T4	1 000	200	12.5	0
	6	精铣圆弧槽	T4	1 000	200	4	0
	7	60°倒角	T4	2 500	1 000	/	0
	8	精镗 φ25 圆孔	T8	2 500	50	18.5	0
	9	钻孔	T5	800	100	25	0
	10	钻孔	T6	600	100	25	0
	11	铰孔	T7	100	40	22	0
加工凸台面	11	铣削上表面	T1	700	100	保证 18±0.1	0
	12	粗铣凸台	T2	800	150	6	0.2
	13	粗铣 2×40$^{+0.03}_{0}$ 槽	T2	800	150	5	0.2
	14	精铣凸台	T4	1 000	200	6	0
	15	精铣 2×40$^{+0.03}_{0}$ 槽	T4	1 000	2 000	5	0

3）程序编制

参考程序（略）。

4) 模拟、加工、检验

➢ 注意事项

（1）使用寻边器确定工件零点时应采用碰双边法。

（2）精铣时采用顺铣法，以提高尺寸精度和表面质量。

（3）铣削加工后，需用锉刀或去毛器去除毛刺。

四、任务评价

任务评价细则见表 13-4。

表 13-4　任务评价细则

项目	评分要素	配分	评分标准	检测结果	得分
编程 （20 分）	加工工艺路线制定	5	加工工艺路线制定正确		
	刀具及切削用量选择	5	刀具及切削用量选择合理		
	程序编写正确性	10	程序编写正确、规范		
操作 （30 分）	手动操作	10	对刀操作不正确扣 5 分		
	自动运行	10	程序选择错误扣 5 分； 启动操作不正确扣 5 分； f、v_c 调整不正确扣 2 分		
	参数设置	10	零点偏移设定不正确扣 5 分； 刀具半径补偿设定不正确扣 5 分		
工件质量 （30 分）	形状	10	有一处过切扣 2 分； 有一处残余余量扣 2 分		
	尺寸	16	每超 0.02 mm 扣 2 分		
	表面粗糙度	4	每降一级扣 1 分		
工量刃具的 使用与维护 （10 分）	常用工量刃具的使用	10	使用不当每次扣 2 分		
安全文明生 产（10 分）	正确执行安全技术操作规程，按企业有关的文明生产规定，做到工作地方整洁，工件、工具摆放整齐	10	严格执行制度、规定者满分，执行差者酌情扣分		
综合评价					

五、练习与提高

编制如图 13-2 所示工件的加工程序。

▲图 13-2 课后练习二

项目十四　综合训练（三）

一、任务目标

- 掌握极坐标指令的编程和应用技巧
- 掌握坐标系旋转指令的编程和应用技巧
- 进一步掌握综合件的工艺特点
- 进一步掌握综合类零件的进刀方式和退刀方式
- 进一步掌握四刃立铣刀的选择方法

二、任务资讯

本项目以图 14-1 为例（评分记录表见表 14-1），通过对各种轮廓的加工，熟练各种指令的运用，同时进一步掌握各种复杂零件的编程和加工。

▲图 14-1　综合训练（三）

▼14-1 评分记录

序号	考核内容	考核要点	配分	评分标准	检测结果	扣分	得分
1	正方形轮廓（18分）	88±0.05	10	每处5分，每超差0.01扣3分，超差0.02以上不得分			
		18±0.1	4	超差不得分			
		4×C5倒角	4	超差不得分			
2	"十字"槽（14分）	$4 \times 12^{+0.03}_{0}$	4	每处1分，超差不得分			
		$2 \times 60^{+0.03}_{0}$	2	每处1分，超差不得分			
		$2 \times 34^{+0.03}_{0}$	2	每处1分，超差不得分			
		深度 $4^{+0.03}_{0}$	3	超差不得分			
		Ra 1.6	3	降一级不得分			
3	孔（14分）	2×φ10H7	8	每处4分，每超差0.01扣2分，超差0.02以上不得分			
		70±0.02	2	超差不得分			
		Ra 1.6	4	降一级不得分			
4	凸台（17分）	$60^{0}_{-0.04}$	6	每处3分，每超差0.01扣2分，超差0.02以上不得分			
		正弦曲线	5	形状不对不得分			
		高度 $6^{0}_{-0.04}$	3	超差不得分			
		Ra 1.6	3	降一级不得分			
5	内沉孔（17分）	$\phi 36^{+0.05}_{0}$	4	超差不得分			
		$\phi 25^{+0.03}_{0}$	6	每超差0.01扣3分，超差0.02以上不得分			
		深度7	2	超差不得分			
		Ra 1.6	5	降一级不得分			
6	开口槽（10分）	$2 \times 12^{+0.03}_{0}$	4	每处2分，超差不得分			
		45°	3	超差不得分			
		深度2	3	超差不得分			
7	加工工艺（4分）	合理选用刀具、量具	2	不合理扣分			
		加工顺序、刀具轨迹合理	2	不合理扣分			

续表

序号	考核内容	考核要点	配分	评分标准	检测结果	扣分	得分
8	程序编制（4分）	完成所有程序编制	2	未全部完成扣分			
		程序编制合理，能正确使用刀具半径补偿	2	酌情扣分			
9	安全文明生产（2分）	着装规范，行为文明；机床操作规范；刀量具摆放规范；正确保养机床、刀量具	2	着装不规范、行为不文明扣0.5分；机床操作不规范扣0.5分；刀量具摆放不规范扣0.5分；不能正确保养机床、刀量具扣0.5分			
合计			100				

三、任务实施

➢ 加工准备

（1）详细阅读工件图，并按照图纸检查坯料的尺寸。

（2）编制加工程序，输入程序并选择该程序。

（3）用平口虎钳装夹工件，整个工件需要两次装夹，第一次装夹时毛坯需要伸出钳口 13 mm 以上，用百分表找正；第二次装夹时工件伸出钳口 8 mm 左右，用百分表找正。

（4）安装寻边器，确定工件零点为坯料上表面的中心，设定可选择工件坐标系。

（5）选择合适的铣刀并对刀，设定加工相关参数，选择自动加工方式加工工件。

➢ 工艺分析及处理

1）工件图样分析

了解工件的材质、尺寸要求、形位公差、精度要求、加工形状（毛坯为 88 mm × 88 mm × 18 mm 的长方体钢块）。

2）加工工艺分析

（1）加工机床的选择。

（2）根据图纸要求选择合适的刀具和切削用量（v_c, f, a_p）；确定工件的加工路线、下刀点、切入点、退刀点。相关刀具卡和工序卡见表 14-2 和表 14-3。

▼ 表 14-2 刀具卡

刀具号	刀具名称	刀具规格	刀具材料
T1	面铣刀	φ60	涂层刀片
T2	立铣刀	φ12	高速钢
T3	立铣刀（粗加工）	φ10	高速钢
T4	立铣刀（精加工）	φ10	高速钢
T5	钻头	φ8.5	高速钢
T6	钻头	φ9.8	高速钢
T7	铰刀	φ10H7	高速钢
T8	镗刀		涂层刀片

▼ 表 14-3 工序卡

工序	工步	工步内容	刀具号	主轴转速/(r·min^{-1})	进给量/(mm·min^{-1})	切削深度/mm	切削余量/mm
加工"十字"槽面	1	铣削上表面	T1	700	100	0.5	0
	2	粗铣正方形轮廓	T2	800	150	12.5	0.2
	3	粗铣 φ25 圆孔	T2	800	150	18.5	0.2
	4	粗铣"十字"槽	T3	900	150	4	0.2
	5	精铣正方形轮廓	T4	1 000	200	12.5	0
	6	精铣"十字"槽	T4	1 000	200	4	0
	7	精镗 φ25 圆孔	T8	2 500	50	18.5	0
	8	钻孔	T5	800	100	25	0
	9	钻孔	T6	600	100	25	0
	10	铰孔	T7	100	40	22	0
加工凸台面	11	铣削上表面	T1	700	100	保证 18±0.1	0
	12	粗铣凸台	T2	800	150	6	0.2
	13	粗铣 φ36 圆孔	T2	800	150	7	0.2
	14	粗铣开口槽	T3	900	150	2	0.2
	15	精铣凸台	T4	1 000	200	6	0
	16	精铣 φ36 圆孔	T4	1 000	2 000	7	0
	17	精铣开口槽	T4	1 000	2 000	2	0

3) 程序编制

参考程序（略）。

4)模拟、加工、检验

➤ 注意事项

(1)使用寻边器确定工件零点时应采用碰双边法。

(2)精铣时采用顺铣法,以提高尺寸精度和表面质量。

(3)铣削加工后,需用锉刀或去毛器去除毛刺。

四、任务评价

任务评价细则见表 14-4。

表 14-4 任务评价细则

项目	评分要素	配分	评分标准	检测结果	得分
编程 (20 分)	加工工艺路线制定	5	加工工艺路线制定正确		
	刀具及切削用量选择	5	刀具及切削用量选择合理		
	程序编写正确性	10	程序编写正确、规范		
操作 (30 分)	手动操作	10	对刀操作不正确扣 5 分		
	自动运行	10	程序选择错误扣 5 分; 启动操作不正确扣 5 分; $f、v_c$ 调整不正确扣 2 分		
	参数设置	10	零点偏移设定不正确扣 5 分; 刀具半径补偿设定不正确扣 5 分		
工件质量 (30 分)	形状	10	有一处过切扣 2 分; 有一处残余余量扣 2 分		
	尺寸	16	每超 0.02 mm 扣 2 分		
	表面粗糙度	4	每降一级扣 1 分		
工量刃具的 使用与维护 (10 分)	常用工量刃具的使用	10	使用不当每次扣 2 分		
安全文明生 产(10 分)	正确执行安全技术操作规程,按企业有关的文明生产规定,做到工作地方整洁,工件、工具摆放整齐	10	严格执行制度、规定者满分,执行差者酌情扣分		
综合评价					

五、练习与提高

编制如图 14-2 所示工件的加工程序。

▲14-2 课后练习三

项目十五 综合训练（四）

一、任务目标

- 掌握极坐标指令的编程和应用技巧
- 掌握坐标系旋转指令的编程和应用技巧
- 掌握加工中心加工工艺的制定步骤
- 掌握复杂工件的数控编程与加工方法

二、任务资讯

本项目以图 15-1 为例（评分记录见表 15-1），通过对各种典型复杂工件的加工，掌握加工中心加工工艺的制定步骤，掌握复杂工件的数控编程与加工方法。

▲ 图 15-1 综合训练（四）

▼ 表 15−1 评分记录表

序号	考核内容	考核要点	配分	评分标准	检测结果	扣分	得分
1	外轮廓 （18分）	88±0.05	10	每处5分，每超差0.01扣3分，超差0.02以上不得分			
		18±0.1	4	超差不得分			
		$\phi 88$	2	超差不得分			
		$2\times 30°$	2	超差不得分			
2	圆弧槽 （16分）	$2\times 9^{+0.03}_{0}$	6	每处3分，每超差0.01扣2分，超差0.02以上不得分			
		$\phi 60$	2	超差不得分			
		（角度）30°	4	超差不得分			
		（深度）4	2	超差不得分			
		Ra 3.2	2	降一级不得分			
3	孔 （14分）	$2\times \phi 10H7$	10	每处5分，每超差0.01扣3分，超差0.02以上不得分			
		Ra 1.6	4	降一级不得分			
4	圆弧薄壁 （18分）	$\phi 88±0.05$	4	每超差0.01扣2分，超差0.02以上不得分			
		$\phi 84^{+0.05}_{0}$	3	每超差0.01扣2分，超差0.02以上不得分			
		$2\times R5$	2	形状不对不得分			
		12	3	超差不得分			
		高度$6^{+0.043}_{0}$	3	超差不得分			
		Ra 3.2	3	降一级不得分			
5	中间凸台 （24分）	$28^{0}_{-0.04}$	4	每超差0.01扣2分，超差0.02以上不得分			
		$4\times R5$、$R30$、$R14$	4	形状不对酌情扣分			
		Ra 1.6	3	降一级不得分			
		圆孔$\phi 22^{+0.03}_{0}$	6	每超差0.01扣2分，超差0.02以上不得分			
		倒角$R3$	5	每处3分，每超差0.01扣2分，超差0.02以上不得分			
		2	2	超差不得分			

续表

序号	考核内容	考核要点	配分	评分标准	检测结果	扣分	得分
6	加工工艺（4分）	合理选用刀具、量具	2	不合理扣分			
		加工顺序、刀具轨迹合理	2	不合理扣分			
7	程序编制（4分）	完成所有程序编制	2	未全部完成扣分			
		程序编制合理，能正确使用刀具半径补偿	2	酌情扣分			
8	安全文明生产（2分）	着装规范，行为文明；机床操作规范；刀量具摆放规范；正确保养机床、刀量具	2	着装不规范、行为不文明扣0.5分；机床操作不规范扣0.5分；刀量具摆放不规范扣0.5分；不能正确保养机床、刀量具扣0.5分；			
	合计		100				

三、任务实施

➢ 加工准备

（1）详细阅读工件图，并按照图纸检查坯料的尺寸。

（2）编制加工程序，输入程序并选择该程序。

（3）用平口虎钳装夹工件，整个工件需要两次装夹，第一次装夹时毛坯需要伸出钳口13 mm以上，用百分表找正；第二次装夹时工件伸出钳口8 mm左右，用百分表找正。

（4）安装寻边器，确定工件零点为坯料上表面的中心，设定可选择工件坐标系。

（5）选择合适的铣刀并对刀，设定加工相关参数，选择自动加工方式加工工件。

➢ 工艺分析及处理

1）工件图样分析

了解工件的材质、尺寸要求、形位公差、精度要求、加工形状（毛坯为88 mm×88 mm×18 mm的长方体钢块）。

2）加工工艺分析

（1）加工机床的选择。

(2) 根据图纸要求选择合适的刀具和切削用量（v_c，f，a_p）；确定工件的加工路线、下刀点、切入点、退刀点。相关刀具卡和工序卡见表 15-2 和表 15-3。

▼ 表 15-2 刀具卡

刀具号	刀具名称	刀具规格	刀具材料
T1	面铣刀	φ60	涂层刀片
T2	立铣刀	φ12	高速钢
T3	立铣刀（粗加工）	φ8	高速钢
T4	立铣刀（精加工）	φ8	高速钢
T5	钻头	φ8.5	高速钢
T6	钻头	φ9.8	高速钢
T7	铰刀	φ10H7	高速钢
T8	镗刀		涂层刀片

▼ 表 15-3 工序卡

工序	工步	工步内容	刀具号	主轴转速/(r·min^{-1})	进给量/(mm·min^{-1})	切削深度/mm	切削余量/mm
加工圆弧槽面	1	铣削上表面	T1	700	100	0.5	0
	2	粗铣外轮廓	T2	800	150	10	0.2
	3	粗铣φ22圆孔	T2	800	150	18.5	0.2
	4	粗铣圆弧槽	T3	1 000	100	4	0.2
	5	精铣外轮廓	T4	1 200	200	10	0
	6	精铣圆弧槽	T4	1 200	200	4	0
	7	倒R3圆角	T4	3 000	1 000	3	0
	8	精镗φ22圆孔	T8	2 500	50	18.5	0
	9	钻孔	T5	800	100	25	0
	10	钻孔	T6	600	100	25	0
	11	铰孔	T7	100	40	22	0
加工凸台面	12	铣削上表面	T1	700	100	保证 18±0.1	0
	13	粗铣φ88圆	T2	800	150	8	0.2
	14	粗铣φ84圆弧薄壁	T3	1 000	100	6	0.2
	15	粗铣中间凸台	T3	1 000	100	4	0.2
	16	精铣φ88圆	T4	1 200	200	8	0
	17	精铣φ84圆弧薄壁	T4	1 200	200	6	0
	18	精铣中间凸台	T4	1 200	200	4	0

3) 程序编制

参考程序（略）。

4) 模拟、加工、检验

➢ 注意事项

（1）一般选用切削时间相对较长的立铣刀为基准刀具，用 Z 轴设定仪测定其他刀具长度 L 相对于基准刀具长度 $L_{基}$ 的差值 ΔL（$\Delta L = L - L_{基}$）作为补偿值，并用 MDI 键盘在数控系统"刀具补正"页面中的对应刀号后输入。本任务中选用 $\phi 20$ 立铣刀为基准刀具。

（2）为避免选刀占用加工时间，编程时应注意提前选刀，即将 T×× 指令与 M06 编写在不同程序段中，以提高加工效率。

（3）粗铣时，用逆铣；精铣时，用顺铣。

四、任务评价

任务评价细则见表 15-4。

表 15-4　任务评价细则

项目	评分要素	配分	评分标准	检测结果	得分
编程 （20分）	加工工艺路线制定	5	加工工艺路线制定正确		
	刀具及切削用量选择	5	刀具及切削用量选择合理		
	程序编写正确性	10	程序编写正确、规范		
操作 （30分）	手动操作	10	对刀操作不正确扣5分		
	自动运行	10	程序选择错误扣5分； 启动操作不正确扣5分； f、v_c 调整不正确扣2分		
	参数设置	10	零点偏移设定不正确扣5分； 刀具半径补偿设定不正确扣5分		
工件质量 （30分）	形状	10	有一处过切扣2分； 有一处残余余量扣2分		
	尺寸	16	每超 0.02 mm 扣2分		
	表面粗糙度	4	每降一级扣1分		
工量刃具的 使用与维护 （10分）	常用工量刃具的使用	10	使用不当每次扣2分		
安全文明生产（10分）	正确执行安全技术操作规程，按企业有关的文明生产规定，做到工作地方整洁，工件、工具摆放整齐	10	严格执行制度、规定者满分，执行差者酌情扣分		
综合评价					

五、练习与提高

编制如图 15-2 所示工件的加工程序。

▲图 15-2 课后练习四

附录一　数控铣工试题库

一、选择题

1. 职业道德的内容包括（　　）。
   A. 从业者的工作计划　　　　　　　　B. 职业道德行为规范
   C. 从业者享有的权利　　　　　　　　D. 从业者的工资收入
2. 职业道德的实质内容是（　　）。
   A. 树立新的世界观　　　　　　　　　B. 树立新的就业观念
   C. 增强竞争意识　　　　　　　　　　D. 树立全新的社会主义劳动态度
3. 下列选项中属于职业道德范畴的是（　　）。
   A. 企业经营业绩　　　　　　　　　　B. 企业发展战略
   C. 员工的技术水平　　　　　　　　　D. 人们的内心信念
4. （　　）是职业道德修养的前提。
   A. 学习先进人物的优秀品质　　　　　B. 确立正确的人生观
   C. 培养自己良好的行为习惯　　　　　D. 增强自律性
5. 敬业就是以一种严肃认真的态度对待工作，下列不符合的是（　　）。
   A. 工作勤奋努力　　　　　　　　　　B. 工作精益求精
   C. 工作以自我为中心　　　　　　　　D. 工作尽心尽力
6. 企业标准是由（　　）制定的标准。
   A. 国家　　　　　　　　　　　　　　B. 企业
   C. 行业　　　　　　　　　　　　　　D. 地方
7. 下列关于创新的论述，正确的是（　　）。
   A. 创新与继承根本对立　　　　　　　B. 创新就是独立自主
   C. 创新是民族进步的灵魂　　　　　　D. 创新不需要引进国外新技术
8. 什么是道德？正确解释是（　　）。
   A. 人的技术水平　　　　　　　　　　B. 人的交往能力
   C. 人的行为规范　　　　　　　　　　D. 人的工作能力
9. 安全文化的核心是树立（　　）的价值观念，真正做到"安全第一，预防为主"。
   A. 以产品质量为主　　　　　　　　　B. 以经济效益为主
   C. 以人为本　　　　　　　　　　　　D. 以管理为主

10. 企业文化的核心是（   ）。
   A. 企业价值观　　　　　　　　　　B. 企业目标
   C. 企业形象　　　　　　　　　　　D. 企业经营策略
11. 职业道德建设与企业竞争力的关系是（   ）。
   A. 互不相关　　　　　　　　　　　B. 源泉与动力关系
   C. 相辅相成关系　　　　　　　　　D. 局部与全局关系
12. 企业加强职业道德建设，关键是（   ）。
   A. 树立企业形象　　　　　　　　　B. 领导以身作则
   C. 抓好职工教育　　　　　　　　　D. 健全规章制度
13. 职业道德是指（   ）。
   A. 人们在履行本职工作中所应遵守的行为规范和准则
   B. 人们在履行本职工作中所确立的奋斗目标
   C. 人们在履行本职工作中所确立的价值观
   D. 人们在履行本职工作中所遵守的规章制度
14. 提高职业道德修养的方法有学习职业道德知识、提高文化素养、提高精神境界和（   ）等。
   A. 加强舆论监督　　　　　　　　　B. 增强强制性
   C. 增强自律性　　　　　　　　　　D. 完善企业制度
15. 国标规定的几种图纸幅面中，幅面最大的是（   ）。
   A. A0　　　　　B. A1　　　　　C. A2　　　　　D. A3
16. 符号 GB 的含义是（   ）。
   A. 国际标准　　　　　　　　　　　B. 部级标准
   C. 国家标准　　　　　　　　　　　D. 国外标准
17. 图样中书写汉字字体号数，即为字体（   ）。
   A. 宽度　　　　　B. 高度　　　　　C. 长度　　　　　D. 线宽
18. 读工件图时，首先看（   ）。
   A. 剖视图　　　　B. 模板图　　　　C. 标题栏　　　　D. 主视图和尺寸
19. 工件图由图形、尺寸线、（   ）和标题栏组成。
   A. 形位公差要求　　　　　　　　　B. 表面粗糙度要求
   C. 热处理要求　　　　　　　　　　D. 技术要求
20. 根据尺寸在图样上的布置特点，尺寸标注形式可分为链式、坐标式和综合式三类。其中关于链式标注（   ）描述是错误的。
   A. 把同一方向的一组尺寸依次首尾相接
   B. 前一段尺寸的加工误差不影响后一段
   C. 各段尺寸误差累计在总体尺寸上
   D. 各段尺寸的加工精度只取决于本段的加工误差，不会产生累计误差
21. 根据尺寸在图样上的布置特点，尺寸标注形式可分为链式、坐标式和综合式三类。其中关于坐标式标注，（   ）描述是错误的。
   A. 同一方向的一组尺寸从同一基准出发进行标注

B. 各段尺寸的误差累计在总体尺寸上

C. 各段尺寸的加工精度只取决于本段的加工误差

D. 总体尺寸的精度容易得到保证

22. 绘制（　　）工件时，应把能较多地反映工件结构形状和相对位置的方向作为主视图方向。

A. 轴类　　　　　B. 盘盖类　　　　　C. 叉架类　　　　　D. 箱体类

23. 绘制（　　）工件时，一般以工作位置和最能确定反映形体特征的一面作为主视图。

A. 轴类　　　　　B. 盘盖类　　　　　C. 叉架类　　　　　D. 箱体类

24. 一般机械工程图采用（　　）原理画出。

A. 正投影　　　　　　　　　　　　B. 中心投影

C. 平行投影　　　　　　　　　　　D. 点投影

25. 机械零件的真实大小是以图样上的（　　）为依据的。

A. 比例　　　　　　　　　　　　　B. 公差范围

C. 技术要求　　　　　　　　　　　D. 尺寸数值

26. 将机件表面按其实际形状大小摊开在一个平面上所得的图形称为（　　）。

A. 平面图　　　　　　　　　　　　B. 展开图

C. 主视图　　　　　　　　　　　　D. 模板图

27. 工程上常将轴测图作为辅助图样。关于轴测图，（　　）描述是错误的。

A. 立体感较强，容易看懂

B. 不能同时反映物体各表面的实形，度量性差

C. 容易表达清楚形状比较复杂的立体

D. 同时反映物体长、宽和高三个方向的形象

28. 双点划线的主要用途是（　　）。

A. 断裂处的边界线　　　　　　　　B. 假想轮廓线的投影

C. 有特殊要求的表面的表示线　　　D. 分度圆或分度线

29. 粗实线可以绘制（　　）。

A. 尺寸线　　　　　　　　　　　　B. 可见过渡线

C. 剖面线　　　　　　　　　　　　D. 螺纹牙底线

30. 在拆画工件图时，下列说法错误的是（　　）。

A. 拆画工件图时，要根据工件的结构特点重新选择主视图的投射方向和表达方案

B. 画装配图时被简化的工件上的某些结构，如倒角，在工件图中无须表示出来

C. 装配图上未注的尺寸，也应在工件图中标注

D. 要根据工件的作用，注写其他必要的技术条件

31. 当一对标准的圆锥齿轮传动时，必须使两齿轮的（　　）相切。

A. 齿顶圆　　　　　B. 分度圆　　　　　C. 齿根圆　　　　　D. 基圆

32. （　　）是指工件加工表面所具有的较小间距和微小峰谷的微观几何形状不平度。

A. 波度　　　　　　　　　　　　　B. 表面粗糙度

C. 表面光洁度　　　　　　　　　　D. 公差等级

33. Ra 6.3 的含义是（　　）。
   A. 尺寸精度为 6.3 μm　　　　　　　　B. 光洁度为 6.3 μm
   C. 粗糙度为 6.3 μm　　　　　　　　　D. 位置精度为 6.3 μm

34. 粗糙度的评定参数 Ra 的名称是（　　）。
   A. 轮廓算术平均偏差　　　　　　　　B. 轮廓几何平均偏差
   C. 微观不平度十点平均高度　　　　　D. 微观不平度五点平均高度

35. 装配图中，同一工件的不同视图，其剖面线的方向和间隔应（　　）。
   A. 保持一致　　　　　　　　　　　　B. 保持相反
   C. 有区别　　　　　　　　　　　　　D. 不同

36. 当机件的外形比较简单，内部结构较为复杂时，可选用（　　）来表达。
   A. 三视图　　　　　　　　　　　　　B. 全剖视图
   C. 半剖视图　　　　　　　　　　　　D. 局部剖视

37. 当需表达机件内部部分结构时，需选择（　　）。
   A. 三视图　　　　　　　　　　　　　B. 全剖视图
   C. 半剖视图　　　　　　　　　　　　D. 局部剖视

38. 在绘制主轴工件图时，可用（　　）来表达工件上一些细小结构的形状和尺寸。
   A. 局部放大图　　B. 剖面图　　　　C. 剖视图　　　　D. 斜视图

39. 局部视图的断裂边界用（　　）表示。
   A. 细实线　　　　　　　　　　　　　B. 波浪线或双折线
   C. 细点画线　　　　　　　　　　　　D. 虚线

40. 在绘制装配图时，（　　）绘制方法是错误的。
   A. 两个工件接触表面只用一条轮廓线表示，不能画成两条线
   B. 剖视图中接触的两个工件的剖面线方向应相反
   C. 要画实心杆件和一些标准件的剖面线
   D. 工件的退刀槽、圆角和倒角可以不画

41. 装配图的明细表是机器和部件中全部零件、部件的（　　）。对标准件其名称后面要注出其规格，并在备注栏中注写上标准代码。
   A. 说明书　　　　　　　　　　　　　B. 加工要求
   C. 详细目录　　　　　　　　　　　　D. 规格要求

42. 机床主轴箱装配图的主视图一般采用（　　）的特殊画法。
   A. 拆卸画法　　　　　　　　　　　　B. 单独画法
   C. 展开画法　　　　　　　　　　　　D. 夸大画法

43. 配合的松紧程度取决于（　　）。
   A. 基本尺寸　　　　　　　　　　　　B. 极限尺寸
   C. 基本偏差　　　　　　　　　　　　D. 标准公差

44. 在图样上标注形位公差，当公差值前面加注 ϕ 时，该被测要素的公差带形状应为（　　）。
   A. 两同心圆　　　　　　　　　　　　B. 两同轴圆柱
   C. 圆形或球形　　　　　　　　　　　D. 圆形或圆柱形

45. 关于配合公差，下列说法中错误的是（　　）。
   A. 配合公差是对配合松紧变动程度所给定的允许值
   B. 配合公差反映了配合松紧程度
   C. 配合公差等于相配合的孔公差与轴公差之和
   D. 配合公差等于极限盈隙的代数差的绝对值

46. 国家标准规定优先选用基孔制配合的原因是（　　）。
   A. 因为孔比轴难加工
   B. 因为从工艺上讲，应先加工孔，后加工轴
   C. 为了减少定尺寸孔用刀、量具的规格和数量
   D. 为了减少孔和轴的公差带数量

47. 在下列情况中，不能采用基轴制配合的是（　　）。
   A. 滚动轴承外圈与壳体孔的配合
   B. 柴油机中活塞连杆组件的配合
   C. 滚动轴承内圈与转轴轴颈的配合
   D. 采用冷拔圆型材做轴

48. 若某测量面对基准面的平行度误差为 0.08 mm，则其（　　）误差必不大于 0.08 mm。
   A. 平面度　　　　　　　　　B. 对称度
   C. 垂直度　　　　　　　　　D. 位置度

49. 圆跳动公差与全跳动公差的根本区别在于（　　）。
   A. 圆跳动的公差数值比全跳动的公差数值小
   B. 圆跳动公差带为平面上的区域，全跳动公差带为空间的区域
   C. 圆跳动公差可用于圆锥面，而全跳动公差只能用于圆柱面
   D. 被测要素是否绕基准连续旋转且工件和测量仪器间是否有轴向或径向的相对位移

50. 孔和轴的轴线的直线度公差带形状一般是（　　）。
   A. 两平行直线　　　　　　　B. 圆柱面
   C. 一组平行平面　　　　　　D. 两组平行平面

51. 下列关于基孔制的描述中，（　　）是不正确的。
   A. 基孔制的孔是配合的基准件　　　B. 基准孔的基本偏差为上偏差
   C. 基准孔的上偏差为正值　　　　　D. 基准孔下偏差数值为零

52. 下列关于基轴制的描述中，（　　）是不正确的。
   A. 基轴制的轴是配合的基准件　　　B. 基准轴的基本偏差为下偏差
   C. 基准轴的上偏差数值为零　　　　D. 基准孔下偏差为负值

53. 配合依其性质可分为间隙配合、过渡配合和过盈配合。关于间隙配合，正确的说法是（　　）。
   A. 孔的公差带总是位于轴的公差带上方
   B. 孔的公差带总是位于轴的公差带下方
   C. 孔的公差带总与轴的公差带有重合部分
   D. 常用于轴承和轴承套之间的配合

54. 配合依其性质可分为间隙配合、过渡配合和过盈配合。关于过渡配合，正确的说法是（　　）。
   A. 孔的公差带总是位于轴的公差带上方
   B. 孔的公差带总是位于轴的公差带下方
   C. 孔的公差带总与轴的公差带有重合部分
   D. 常用于轴承和轴承套之间的配合

55. 配合依其性质可分为间隙配合、过渡配合和过盈配合。关于过盈配合，正确的说法是（　　）。
   A. 孔的公差带总是位于轴的公差带上方
   B. 孔的公差带总是位于轴的公差带下方
   C. 孔的公差带总与轴的公差带有重合部分
   D. 常用于动配合

56. 普通螺纹的配合精度取决于（　　）。
   A. 公差等级与基本偏差　　　　　　　B. 基本偏差与旋合长度
   C. 公差等级、基本偏差和旋合长度　　D. 公差等级和旋合长度

57. 若组成运动副的两构件间的相对运动是移动，则称这种运动副为（　　）。
   A. 转动副　　　　　　　　　　　　　B. 移动副
   C. 球面副　　　　　　　　　　　　　D. 螺旋副

58. 平面连杆机构的特点是（　　）。
   A. 制造比较简单，容易实现常见的转动移动及其转换
   B. 结构简单紧凑，可以实现复杂的运动规律
   C. 结构简单，工作连续平稳，传动比大，承载能力强，易实现自锁
   D. 主动件做连续运动，从动件做周期性间歇运动

59. 凸轮机构的特点是（　　）。
   A. 制造比较简单，容易实现常见的转动移动及其转换
   B. 结构简单紧凑，可以实现复杂的运动规律
   C. 结构简单，工作连续平稳，传动比大，承载能力强，易实现自锁
   D. 主动件做连续运动，从动件做周期性间歇运动

60. 螺旋机构的特点是（　　）。
   A. 制造比较简单，容易实现常见的转动移动及其转换
   B. 结构简单紧凑，可以实现复杂的运动规律
   C. 结构简单，工作连续平稳，传动比大，承载能力强，易实现自锁
   D. 主动件做连续运动，从动件做周期性间歇运动

61. 棘轮机构的特点是（　　）。
   A. 制造比较简单，容易实现常见的转动移动及其转换
   B. 结构简单紧凑，可以实现复杂的运动规律
   C. 结构简单，工作连续平稳，传动比大，承载能力强，易实现自锁
   D. 主动件做连续运动，从动件做周期性间歇运动

62. 铰链四杆机构的死点位置发生在（　　）共线位置。
    A. 从动件与连杆　　　　　　　　　　B. 从动件与机架
    C. 主动件与连杆　　　　　　　　　　D. 主动件与机架

63. 铰链四杆机构中，若最短杆与最长杆长度之和小于其余两杆长度之和，则为了获得曲柄摇杆机构，其机架应取（　　）。
    A. 最短杆　　　　　　　　　　　　　B. 最短杆的相邻杆
    C. 最短杆的相对杆　　　　　　　　　D. 任何一杆

64. 主动件做连续运动，从动件做周期性间歇运动的机构，称为间歇运动机构。下列各种机构中，不属于间歇机构的是（　　）。
    A. 棘轮机构　　　　　　　　　　　　B. 槽轮机构
    C. 凸轮机构　　　　　　　　　　　　D. 不完全齿轮机构

65. 齿轮传动中，轮齿齿面的疲劳点蚀经常发生在（　　）。
    A. 齿根部分　　　　　　　　　　　　B. 靠近节线处的齿根部分
    C. 齿顶部分　　　　　　　　　　　　D. 靠近节线处的齿顶部分

66. 以下所列是金属切削机床机械传动常用的传动副。（　　）的优点是结构简单，制造方便，传动平稳，且有过载保护作用；缺点是传动比不准确，所占空间较大。
    A. 皮带传动　　　　　　　　　　　　B. 齿轮传动
    C. 蜗轮蜗杆传动　　　　　　　　　　D. 丝杆螺母传动

67. 以下所列是金属切削机床机械传动常用的传动副。（　　）的优点是降速比大，传动平稳，无噪声，结构紧凑，可以自锁；缺点是传动效率低，需要良好的润滑条件，制造复杂。
    A. 皮带传动　　　　　　　　　　　　B. 齿轮传动
    C. 蜗轮蜗杆传动　　　　　　　　　　D. 丝杆螺母传动

68. 以下所列是金属切削机床机械传动常用的传动副。（　　）可将回转运动变为直线运动，工作平稳，无噪声；缺点是传动效率低。
    A. 皮带传动　　　　　　　　　　　　B. 齿轮传动
    C. 蜗轮蜗杆传动　　　　　　　　　　D. 丝杆螺母传动

69. 在以下金属切削机床机械传动常用的传动副中，具有自锁功能的是（　　）。
    A. 皮带传动　　　　　　　　　　　　B. 齿轮传动
    C. 蜗轮蜗杆传动　　　　　　　　　　D. 丝杆螺母传动

70. 常用连接的螺纹是（　　）。
    A. 三角形螺纹　　　　　　　　　　　B. 梯形螺纹
    C. 锯齿形螺纹　　　　　　　　　　　D. 矩形螺纹

71. （　　）不是带轮传动的特点。
    A. 两轴中心距较大　　　　　　　　　B. 传动平稳、无噪声
    C. 有过载保护功能　　　　　　　　　D. 传动比准确

72. 带传动按传动原理可分为摩擦带传动和啮合带两类。属于啮合传动类的带传动是（　　）。
    A. 平带传动　　　B. V带传动　　　C. 圆带传动　　　D. 同步带传动

73. 带传动的主要失效形式是带的（　　）。
A. 疲劳拉断和打滑　　　　　　　　　B. 磨损和胶合
C. 胶合和打滑　　　　　　　　　　　D. 磨损和疲劳点蚀

74. 下列关于链传动运动特性的描述中，（　　）是不正确的。
A. 平均传动比准确，传动效率较高，承载能力大
B. 在同样使用条件下，结构尺寸较带传动紧凑
C. 既可用于平行轴间的传动，也可用于非平行轴间的传动
D. 工作时冲击和噪声较大，磨损后易发生跳齿

75. 当轴的转速较低，且只承受较大的径向载荷时，宜选用（　　）。
A. 深沟球轴承　　　　　　　　　　　B. 推力球轴承
C. 圆柱滚子轴承　　　　　　　　　　D. 圆锥滚子轴承

76. 下列轴承中，同时承受径向力和轴向力的轴承是（　　）。
A. 向心轴承　　　　　　　　　　　　B. 推力轴承
C. 角接触轴承　　　　　　　　　　　D. 单列向心球轴承

77. 传动比大而且准确的是（　　）。
A. 带传动　　　　B. 链传动　　　　C. 齿轮传动　　　　D. 蜗杆传动

78. 在键连接中，传递转矩大的是（　　）连接。
A. 平键　　　　　B. 花键　　　　　C. 楔键　　　　　　D. 半圆键

79. 平键连接是靠平键与键槽的（　　）接触传递扭矩的。
A. 两端圆弧面　　　　　　　　　　　B. 上、下平面
C. 下平面　　　　　　　　　　　　　D. 两侧面

80. 下列联轴器中，能补偿两轴的相对位移并可缓冲、吸振的是（　　）。
A. 凸缘联轴器　　　　　　　　　　　B. 齿式联轴器
C. 万向联轴器　　　　　　　　　　　D. 弹性柱销联轴器

81. 金属的强度是指（　　）。
A. 金属材料抵抗塑性变形（永久变形）或断裂的能力
B. 金属材料在断裂前发生不可逆永久变形的能力
C. 金属材料抵抗局部变形、压痕或划痕的能力
D. 金属材料抵抗冲击载荷作用而不破坏的能力

82. 金属的塑性是指（　　）。
A. 金属材料抵抗塑性变形（永久变形）或断裂的能力
B. 金属材料在断裂前发生不可逆永久变形的能力
C. 金属材料抵抗局部变形、压痕或划痕的能力
D. 金属材料抵抗冲击载荷作用而不破坏的能力

83. 金属的硬度是指（　　）。
A. 金属材料抵抗塑性变形（永久变形）或断裂的能力
B. 金属材料在断裂前发生不可逆永久变形的能力
C. 金属材料抵抗局部变形、压痕或划痕的能力
D. 金属材料抵抗冲击载荷作用而不破坏的能力

84. 金属的韧性是指（　　）。
   A. 金属材料抵抗塑性变形（永久变形）或断裂的能力
   B. 金属材料在断裂前发生不可逆永久变形的能力
   C. 金属材料抵抗局部变形、压痕或划痕的能力
   D. 金属材料抵抗冲击载荷作用而不破坏的能力

85. 属于金属物理性能的参数是（　　）。
   A. 强度　　　　　　B. 硬度　　　　　　C. 密度　　　　　　D. 韧性

86. 钢的品种繁多，按照用途可分为（　　）。
   A. 结构钢、工具钢和特殊性能钢等
   B. 低碳钢、中碳钢和高碳钢
   C. 普通质量钢、优质钢和高级优质钢
   D. 非合金钢、低合金钢和合金钢

87. 钢的品种繁多，按照含碳量多少可分为（　　）。
   A. 结构钢、工具钢和特殊性能钢等
   B. 低碳钢、中碳钢和高碳钢
   C. 普通质量钢、优质钢和高级优质钢
   D. 非合金钢、低合金钢和合金钢

88. 钢的品种繁多，按照钢中有害元素 S、P 的含量，把钢分为（　　）。
   A. 结构钢、工具钢和特殊性能钢等
   B. 低碳钢、中碳钢和高碳钢
   C. 普通质量钢、优质钢和高级优质钢
   D. 非合金钢、低合金钢和合金钢

89. 钢的品种繁多，按合金元素含量的多少分为（　　）。
   A. 结构钢、工具钢和特殊性能钢等
   B. 低碳钢、中碳钢和高碳钢
   C. 普通质量钢、优质钢和高级优质钢
   D. 非合金钢、低合金钢和合金钢

90. 碳素钢是含碳量为（　　）的铁碳合金。
   A. 小于 0.021 8%　　　　　　　　B. 0.021 8%～2.11%
   C. 大于 0.7%　　　　　　　　　　D. 2.5%～4.0%

91. 碳素工具钢的含碳量为（　　）。
   A. 小于 0.021 8%　　　　　　　　B. 0.021 8%～2.11%
   C. 大于 0.7%　　　　　　　　　　D. 2.5%～4.0%

92. 铸铁是碳量为（　　）的铁碳合金。
   A. 小于 0.021 8%　　　　　　　　B. 0.021 8%～2.11%
   C. 大于 0.7%　　　　　　　　　　D. 2.5%～4.0%

93. 下列金属材料牌号中，（　　）属于有色合金。
   A. 60Si2Mn　　　　　　　　　　　B. GGr15
   C. Q460　　　　　　　　　　　　D. QA17

94. 下列金属材料牌号中，（　　）属于合金结构钢。
   A. HPb59-1　　　B. H70　　　C. Q460　　　D. QA17
95. HT200 表示是一种（　　）。
   A. 黄铜　　　B. 合金钢　　　C. 灰铸铁　　　D. 化合物
96. HT250 中的"250"是指（　　）。
   A. 抗弯强度 250 MPa　　　B. 抗弯强度 250 kg
   C. 抗拉强度 250 MPa　　　D. 抗拉强度 250 kg
97. 黄铜是（　　）。
   A. 铜与锡的合金　　　B. 铜与铝的合金
   C. 铜与锌的合金　　　D. 纯铜
98. 下列材料中，属于合金弹簧钢的是（　　）。
   A. 60Si2MnA　　　B. ZGMn13-1
   C. Cr12MoV　　　D. 2Cr13
99. 当钢材的硬度在（　　）范围内时，其加工性能较好。
   A. 20~40HRC　　　B. 160~230HBS
   C. 58~64HRC　　　D. 500~550HBW
100. 45 钢退火后的硬度通常采用（　　）硬度试验法来测定。
   A. 洛氏　　　B. 布氏　　　C. 维氏　　　D. 肖氏
101. 以下几种材料中，塑性最好的是（　　）。
   A. 纯铜　　　B. 铸铁　　　C. 中碳钢　　　D. 高碳钢
102. 以下是几种常见的毛坯种类。对于受力复杂的重要钢制零件，其力学性能要求较高，应选择（　　）毛坯。
   A. 铸件　　　B. 锻件　　　C. 型材　　　D. 焊接件
103. 图纸中技术要求项中"热处理：HRC45"表示（　　）。
   A. 淬火硬度 HRC45　　　B. 退火硬度为 HRB450
   C. 正火硬度为 HRC45　　　D. 调质硬度为 HRC45
104. 零件渗碳后，一般需经（　　）处理，才能达到表面高硬度及高耐磨作用的。
   A. 淬火+低温回火　　　B. 正火
   C. 调质　　　D. 淬火
105. 退火的目的是（　　）。
   A. 降低硬度，提高塑性
   B. 改善低碳钢和低碳合金钢的切削加工性
   C. 提高钢的强度和硬度
   D. 减小或消除工件的内应力
106. 正火的目的是（　　）。
   A. 降低硬度，提高塑性
   B. 改善低碳钢和低碳合金钢的切削加工性
   C. 提高钢的强度和硬度
   D. 减小或消除工件的内应力

107. 淬火的目的是（　　）。
　　A. 降低硬度，提高塑性
　　B. 改善低碳钢和低碳合金钢的切削加工性
　　C. 提高钢的强度和硬度
　　D. 减小或消除工件的内应力
108. 回火的目的是（　　）。
　　A. 降低硬度，提高塑性
　　B. 改善低碳钢和低碳合金钢的切削加工性
　　C. 提高钢的强度和硬度
　　D. 减小或消除工件的内应力
109. 表面淬火适用于（　　）。
　　A. 低碳钢和低碳合金钢　　　　　　　B. 中碳钢和中碳合金钢
　　C. 高碳钢和高碳合金钢　　　　　　　D. 各种含碳量的碳钢
110. 关于表面淬火，不正确的描述是（　　）。
　　A. 提高工件表面的硬度和耐磨性
　　B. 保证工件心部原有的韧性和塑性
　　C. 特别适用于低碳钢
　　D. 用于高碳钢，容易淬裂
111. 不仅改变钢的组织，而且钢表层的化学成分也发生变化的热处理是（　　）。
　　A. 火焰加热表面淬火　　　　　　　　B. 淬火
　　C. 感应加热表面淬火　　　　　　　　D. 渗碳、渗氮
112. 高精度的工件，一般在粗加工之后、精加工之前进行（　　），减少或消除工件内应力。
　　A. 时效处理　　　　　　　　　　　　B. 淬火处理
　　C. 回火处理　　　　　　　　　　　　D. 高频淬火
113. 端铣刀（　　）的主要作用是减小副切削刃与已加工表面的摩擦，其大小将影响副切削刃对已加工表面的修光作用。
　　A. 前角　　　　　B. 后角　　　　　C. 主偏角　　　　　D. 副偏角
114. 高速切削时应使用（　　）类刀柄。
　　A. BT40　　　　　B. CAT40　　　　C. JT40　　　　　D. HSK63A
115. 对长期反复使用、加工大批量工件的情况，以配备（　　）刀柄为宜。
　　A. 整体式结构　　　　　　　　　　　B. 模块式结构
　　C. 增速刀柄　　　　　　　　　　　　D. 内冷却刀柄
116. 代号 TQW 表示（　　）。
　　A. 倾斜型微调镗刀　　　　　　　　　B. 倾斜型粗镗刀
　　C. 整体式数控刀具系统　　　　　　　D. 模块式数控刀具系统
117. 高速铣削刀具的装夹方式不宜采用以下的（　　）。
　　A. 液压夹紧式　　　　　　　　　　　B. 弹性夹紧式
　　C. 侧固式　　　　　　　　　　　　　D. 热膨胀式

118. 铣刀主刀刃与轴线之间的夹角称为（　　）。
A. 螺旋角　　　　　　　　　　　　B. 前角
C. 后角　　　　　　　　　　　　　D. 主偏角
119. 在自动换刀机床的刀具自动夹紧装置中，刀杆通常采用（　　）的大锥度锥柄。
A. 7∶24　　　B. 8∶20　　　C. 6∶20　　　D. 5∶20
120. 麻花钻直径大于 13 mm 时，刀柄一般做成（　　）。
A. 直柄　　　　　　　　　　　　　B. 两体
C. 莫氏锥柄　　　　　　　　　　　D. 直柄或锥柄
121. 为了保证钻孔时钻头的定心作用，钻头在刃磨时应修磨（　　）。
A. 横刃　　　B. 前刀面　　　C. 后刀面　　　D. 棱边
122. 切削刃形状复杂的刀具，适宜用（　　）材料制造。
A. 硬质合金　　B. 人造金刚石　　C. 陶瓷　　　D. 高速钢
123. （　　）不能冷热加工成形，刀片压制烧结后无须热处理就可使用。
A. 碳素工具钢　　　　　　　　　　B. 低合金刃具钢
C. 高速钢　　　　　　　　　　　　D. 硬质合金
124. YG8 硬质合金中的数字 8 表示（　　）含量的百分数。
A. 碳化钨　　　B. 钴　　　　C. 钛　　　　D. 碳化钛
125. YT15 硬质合金中的数字表示（　　）含量的百分数。
A. 碳化钨　　　B. 钴　　　　C. 钛　　　　D. 碳化钛
126. 数控加工的刀具材料中，（　　）。
A. 高速钢的强度和韧性比硬质合金差　　B. 刀具涂层可提高韧性
C. 立方氮化硼的韧性优于金刚石　　　　D. 立方氮化硼的硬度高于金刚石
127. 国际标准化组织《ISO 513—1975（E）》规定，将切削加工用硬质合金分为 P、M 和 K 三大类，其中 M 类相当于我国的（　　）类硬质合金。
A. YG　　　　B. YT　　　　C. YW　　　　D. YZ
128. 国际标准化组织《ISO 513—1975（E）》规定，将切削加工用硬质合金分为 P、M 和 K 三大类，其中 P 类相当于我国的（　　）类硬质合金。
A. YG　　　　B. YT　　　　C. YW　　　　D. YZ
129. 国际标准化组织《ISO 513—1975（E）》规定，将切削加工用硬质合金分为 P、M 和 K 三大类，其中 K 类相当于我国的（　　）类硬质合金。
A. YG　　　　B. YT　　　　C. YW　　　　D. YZ
130. 铣削难加工材料，衡量铣刀磨损程度时，以（　　）刀具磨损为准。
A. 前刀面　　　　　　　　　　　　B. 后刀面
C. 主切削刃　　　　　　　　　　　D. 副切削刃
131. 关于 CVD 涂层，（　　）描述是不正确的。
A. CVD 表示化学气相沉积
B. CVD 是在 700~1 050 ℃高温的环境下通过化学反应获得的
C. CVD 涂层具有高耐磨性
D. CVD 对高速钢有极强的黏附性

132. 关于 CVD 涂层，（　　）描述是不正确的。
  A. CVD 表示化学气相沉积
  B. CVD 是在 400～600 ℃ 的较低温度下形成的
  C. CVD 涂层具有高耐磨性
  D. CVD 对硬质合金有极强的黏附性

133. 低速切削刀具（如拉刀、板牙和丝锥等）的主要磨损形式为（　　）。
  A. 硬质点磨损　　　　　　　　　　　B. 粘接磨损
  C. 扩散磨损　　　　　　　　　　　　D. 化学磨损

134. 装配式复合刀具由于增加了机械连接部位，刀具的（　　）会受到一定程度的影响。
  A. 红硬性　　　　　　　　　　　　　B. 硬度
  C. 工艺性　　　　　　　　　　　　　D. 刚性

135. 在加工内圆弧面时，刀具半径的选择应该是（　　）圆弧半径。
  A. 大于　　　　　　　　　　　　　　B. 小于
  C. 等于　　　　　　　　　　　　　　D. 大于或等于

136. 与 45 钢相比，不锈钢属于难切削材料。加工不锈钢时，刀具材料不宜选用（　　）。
  A. 高性能高速钢　　　　　　　　　　B. YT 类硬质合金
  C. YG 类硬质合金　　　　　　　　　D. YW 类硬质合金

137. 采用金刚石涂层的刀具不能加工（　　）零件。
  A. 钛合金　　　　　　　　　　　　　B. 黄铜
  C. 铝合金　　　　　　　　　　　　　D. 碳素钢

138. 专用刀具主要针对（　　）生产中遇到的问题，提高产品质量和加工的效率，降低客户的加工成本。
  A. 单件　　　B. 批量　　　C. 维修　　　D. 小量

139. 数控刀具的特点是（　　）。
  A. 刀柄及刀具切入的位置和方向的要求不高
  B. 刀片和刀柄高度的通用化、规则化和系列化
  C. 整个数控工具系统自动换刀系统的优化程度不高
  D. 对刀具柄的转位、装拆和重复精度的要求不高

140. 数控铣床的基本控制轴数是（　　）。
  A. 一轴　　　B. 二轴　　　C. 三轴　　　D. 四轴

141. 适宜加工形状特别复杂（如曲面叶轮）、精度要求较高的零件的数控机床是（　　）。
  A. 两坐标轴　　　　　　　　　　　　B. 三坐标轴
  C. 多坐标轴　　　　　　　　　　　　D. 2.5 坐标轴

142. 曲率变化不大，精度要求不高的曲面轮廓，宜采用（　　）。
  A. 四轴联动加工　　　　　　　　　　B. 三轴联动加工
  C. 两轴半加工　　　　　　　　　　　D. 两轴联动加工

143. 主机是数控铣床的机械部件,包括床身、(　　)、工作台(包括 X、Y、Z 方向滑板),进给机构等。

A. 主轴箱　　　　　　　　　　B. 反馈系统

C. 伺服系统　　　　　　　　　D. 溜板箱

144. 立式五轴加工中心的回转轴有两种方式,工作台回转轴和主轴头回转轴。其中采用工作台回转轴的优势是(　　)。

A. 主轴加工非常灵活

B. 工作台可以设计得非常大

C. 主轴刚性非常好,制造成本比较低

D. 可使球头铣刀避开顶点切削,保证有一定的线速度,提高表面加工质量

145. 立式五轴加工中心的回转轴有两种方式,工作台回转轴和主轴头回转轴。其中采用主轴头回转轴的优势是(　　)。

A. 主轴的结构比较简单,主轴刚性非常好

B. 工作台不能设计得非常大

C. 制造成本比较低

D. 可使球头铣刀避开顶点切削,保证有一定的线速度,提高表面加工质量

146. (　　)可以实现一次装夹完成工件五面体加工。

A. 立式加工中心借助分度台

B. 卧式加工中心借助分度台

C. 卧式加工中心借助回转工作台

D. 五轴加工中心

147. 一般四轴卧式加工中心所带的旋转工作台为(　　)。

A. A 轴　　　　　　　　　　B. B 轴

C. C 轴　　　　　　　　　　D. V 轴

148. 卧式加工中心传动装置有(　　)、静压蜗轮蜗杆副、预加载荷双齿轮—齿条。

A. 丝杠螺母

B. 曲轴连杆

C. 凸轮顶杆

D. 滚珠丝杠

149. 对于有特殊要求的数控铣床,还可以加进一个回转的(　　)坐标或 C 坐标,即增加一个数控分度头或数控回转工作台,这时机床的数控系统为四坐标的数控系统。

A. Z　　　　　　　　　　　B. A

C. W　　　　　　　　　　　D. V

150. 下列关于分度工作台的描述中,(　　)是错误的。

A. 能在一次装夹中完成多工序加工

B. 能在一次装夹中完成多个面的加工

C. 可在切削状态下将工件旋转一定的角度

D. 只能完成规定角度的分度运动

二、判断题

1. （   ）给回扣是一种不正当的竞争行为，违反了职业道德。
2. （   ）职业道德修养要从培养自己良好的行为习惯着手。
3. （   ）市场经济条件下，应该树立多转行、多学知识、多长本领的择业观念。
4. （   ）具有竞争意识而没有团队合作意识的员工往往更容易获得成功的机会。
5. （   ）职业道德是人们在从事职业的过程中形成的一种内在的、非强制性的约束机制。
6. （   ）职业道德主要通过调节企业与市场的关系，增强企业的凝聚力。
7. （   ）办事公道对企业活动的意义是使企业赢得市场、生存和发展的重要条件。
8. （   ）职业纪律包括劳动纪律、保密纪律、财经纪律、组织纪律等。
9. （   ）在绘制剖视图时，如果是按投影关系配置，则可省略标注。
10. （   ）表达一个工件，必须画出主视图，其余视图和图形按需选用。
11. （   ）当剖切平面通过机件的肋和薄壁等结构的厚度对称平面（即纵向剖切）时，这些结构按不剖绘制。
12. （   ）三视图的投影规律是：主视图与俯视图宽相等；主视图与左视图高平齐；俯视图与左视图长对正。
13. （   ）机械制图中标注绘图比例为2:1，表示所绘制图形是放大的图形，其绘制的尺寸是工件实物尺寸的2倍。
14. （   ）工件的每一尺寸，一般只标注一次，并应标注在反应该结构最清晰的图形上。
15. （   ）一个完整尺寸包含的四要素为尺寸线、尺寸数字、尺寸公差和箭头。
16. （   ）尺寸标注不应封闭。
17. （   ）剖面图要画在视图以外，一般配置在剖切位置的延长线上，有时可以省略标注。
18. （   ）测绘时，对工件上因制造中产生的缺陷，如铸件的砂眼、气孔等都应在草图上画出。
19. （   ）表示用非去除法获得的表面粗糙度 Ra 上限值为 $3.2\ \mu m$。
20. （   ）工件图是指导制造、加工工件的技术文件，它表示工件的结构形状、大小、有关的工艺要求和技术要求。
21. （   ）$\phi 70F6$ 的含义是基轴制的孔，公差等级为IT6。
22. （   ）孔的形状精度主要有圆度和圆柱度。
23. （   ）在基轴制中，经常用钻头、铰刀、量规等定值刀具和量具，有利于生产和降低成本。
24. （   ）实际尺寸相同的两副过盈配合件，表面粗糙度小的具有较大的实际过盈量，可取得较大的连接强度。
25. （   ）表面粗糙度高度参数 Ra 值越大，表示表面粗糙度要求越高；Ra 值越小，表示表面粗糙度要求越低。

26. （　　）工件图未注出公差的尺寸，就是没有公差要求的尺寸。
27. （　　）形位公差用于限制工件的尺寸误差。
28. （　　）过盈配合工件表面粗糙度值应该选小为好。
29. （　　）孔轴过渡配合中，孔的公差带与轴的公差带相互交叠。
30. （　　）配合公差的数值越小，则相互配合的孔、轴的尺寸精度等级越高。
31. （　　）标准齿轮分度圆上的齿形角 $a=20°$。
32. （　　）轮系中使用惰轮既可变速也可变向。
33. （　　）销在机械中除起到连接作用外，还可起到定位作用和保险作用。
34. （　　）基圆相同，渐开线形状相同；基圆越大，渐开线越弯曲。
35. （　　）普通三角螺纹的牙型角是 55°。
36. （　　）滚珠丝杠属于螺旋传动机构。
37. （　　）采用轮廓控制系统的数控机床必须使用闭环控制系统。
38. （　　）一般情况下，螺旋机构是将螺旋运动转化为直线运动。
39. （　　）机构中所有运动副均为高副的机构才是高副机构。
40. （　　）为增强连接紧密性，连接螺纹大多采用多线三角形螺纹。
41. （　　）影响疲劳极限的主要因素是应力集中、工件尺寸和表面质量等。工件尺寸越大，工件疲劳强度越低；表面质量越差，应力集中越严重，越容易出现塑性变形。
42. （　　）由于不锈钢的强度和硬度较高，因此属于难切削材料。
43. （　　）金属的性能是指金属固有的属性，包括密度、熔点、导热性、导电性、热膨胀性和磁性等。
44. （　　）不锈钢的切削特点是塑性大，强度和硬度并不高，但加工硬化严重。
45. （　　）对工件进行热处理，使之达到所需要的化学性能的过程称为热处理工艺过程。
46. （　　）淬火后的钢，随回火温度的增高，其强度和硬度也增高。
47. （　　）刀具磨损分为初期磨损、正常磨损、急剧磨损三种形式。
48. （　　）先进硬质合金刀具，尤其是有涂层保护的刀具，在高速高温下使用时，添加切削液更有效率。
49. （　　）硬质合金中含钴量越多，刀片的硬度越高。
50. （　　）切削速度会显著地影响刀具寿命。
51. （　　）金刚石刀具主要用于黑色金属的加工。
52. （　　）铣削平面工件外轮廓表面时，一般是采用端铣刀。
53. （　　）直齿三面刃铣刀的刀齿在圆柱面上与铣刀轴线平行，铣刀制造容易，但铣削时振动较大。
54. （　　）数控机床对刀具材料的基本要求是高的硬度、高的耐磨性、高的红硬性和足够的强度和韧性。
55. （　　）在铣削宽度不太宽的台阶时，常采用三面刃铣刀进行加工。
56. （　　）用面铣刀铣平面时，其直径尽可能取较大值，这样可提高铣削效率。
57. （　　）用平面铣刀铣削平面时，当平面铣刀直径小于工件宽度时，建议每次铣削的最大宽度不要超过刀具直径的 75%。

58. (   ) 用平面铣刀铣削平面时，若平面铣刀直径小于工件宽度，为提高效率，建议每次铣削的最大宽度等于刀具直径。

59. (   ) 铣削时若发现切屑不易排出，可改用较大螺旋角的铣刀。

60. (   ) 工件材料强度和硬度较高时，为保证刀刃强度，应采取较小前角。

61. (   ) 切削铸铁等脆性材料，宜选用 YG 硬质合金。

62. (   ) 标准麻花钻的横刃斜角为 50°~55°。

63. (   ) 深孔麻花钻在结构上，通过加大螺旋角、增大钻心厚度、改善刃沟槽形、选用合理的几何角度和修磨钻心处等形式，较好地解决了排屑、导向、刚度等深孔加工时的关键技术。

64. (   ) 铰刀的齿槽有螺旋槽和直槽两种。其中直槽铰刀切削平稳、振动小、寿命长、铰孔质量好，尤其适用于铰削轴向带有键槽的孔。

65. (   ) 螺旋槽铰刀有右旋和左旋之分。其中右旋槽铰刀适用于铰削盲孔。

66. (   ) 螺旋槽铰刀有右旋和左旋之分。其中左旋槽铰刀适用于铰削通孔。

67. (   ) 尺寸链封闭环的基本尺寸，是其他组成环基本尺寸的代数差。

68. (   ) 尺寸链按功能分为装配尺寸链和工艺尺寸链。

69. (   ) 刀片及刀柄对机床主轴的相对位置的要求高是数控刀具的特点之一。

70. (   ) 工艺尺寸链中封闭环的确定是随着零件的加工方案的变化而改变。

71. (   ) 单件、小批生产宜选用工序集中原则。

72. (   ) 在工件上既有平面需要加工，又有孔需要加工时，可采用先加工孔，后加工平面的加工顺序。

73. (   ) 工件表面有硬皮存在时宜采用逆铣。

74. (   ) 用分布于铣刀端平面上的刀齿进行的铣削称为周铣，用分布于铣刀圆柱面上的刀齿进行的铣削称为端铣。

75. (   ) 用球头铣刀行切加工曲面，为了减小表面粗糙度值，应该尽量使行切间隔一致。

76. (   ) 为了提高面铣刀精加工平面的表面质量应该尽可能把每个刀片调到同一高度。

77. (   ) 用圆柱铣刀逆铣时，作用在工件上的垂直铣削力在切削时是向上的，有把工件从夹具中拉出的趋势。

78. (   ) 基准面与工作台台面垂直装夹工件，用端铣刀铣削斜面时，立铣头应扳转的角度应等于斜面倾斜角度，即 $\alpha = \beta$。

79. (   ) 因为试切法的加工精度较高，所以主要用于大批、大量生产。

80. (   ) 从螺纹的粗加工到精加工，主轴的转速必须保证恒定。

81. (   ) 铰削余量太小时不能全部切去上道工序的加工痕迹，同时由于刀齿不能连续切削而沿孔壁打滑，使孔壁的质量下降。

82. (   ) 攻螺纹前的底孔直径大，会引起丝锥折断。

83. (   ) 数控机床在输入程序时，不论何种系统坐标值，不论是整数还是小数，都不必加入小数点。

84. (   ) 加工深孔时，要采用分级进给的方法，以防钻头折断。

85. （　　）镗削加工中，刀具的旋转运动是主运动，工件的移动是进给运动。
86. （　　）切削时的切削热大部分由切屑带走。
87. （　　）在金属切削过程中都会产生积屑瘤。
88. （　　）铣削难加工材料时的铣削用量应比狭小普通钢材的铣削用量适当减少。
89. （　　）工件在夹具中定位，有六个定位支承点就消除了六个自由度，即为完全定位。
90. （　　）工件夹紧后，工件的六个自由度都被限制了。
91. （　　）箱体零件精加工的夹具要求定位精度高，夹紧力合理分布，既要足以抵抗切削力，又不使工件在定位夹紧和加工中变形，所以采用一面两销定位。
92. （　　）夹紧力的作用点应远离工件加工表面，这样才便于加工。
93. （　　）基面先行原则是将用来定位装夹的精基准的表面应优先加工出来。
94. （　　）孔系组合夹具比槽系组合夹具的刚度好、定位精度高。
95. （　　）装配时用来确定工件在产品中相对位置所采用的基准，称为定位基准。
96. （　　）工件以两销一平面定位时，其两销中的平行削边销的销边面应与两孔的连线成垂直状。
97. （　　）在完全定位中，通常要选几个表面为定位基准，不论其定位基准面大小，限制自由度最多的那个基面即为主要定位基面。
98. （　　）在工件定位过程中应尽量避免超定位，因为超定位可能会导致工件变形，增加加工误差。
99. （　　）在批量生产的情况下，用直接找正装夹工件比较合适。
100. （　　）工件在夹具中与各定位元件接触，虽然没有夹紧尚可移动，但由于其已取得确定的位置，所以可以认为工件已定位。
101. （　　）因为毛坯表面的重复定位精度差，所以粗基准一般只能使用一次。
102. （　　）定位元件与机床上安装夹具的装夹面之间的位置不准确所引起的误差，称为安装误差。
103. （　　）多轴机床中的 A、B、C 轴分别与 X、Y、Z 轴相互平行。
104. （　　）数控机床是在普通机床的基础上将普通电气装置更换成 CNC 控制装置。
105. （　　）加工中心适宜于加工复杂、工序多、加工精度要求较高，且经多次装夹和调整的工件。
106. （　　）五面加工中心具有立式和卧式加工中心的功能，通过回转工作台的旋转和主轴头的旋转，能在工件一次装夹后，完成除安装面以外的所有五个面的加工。
107. （　　）主轴准停装置的作用是当主轴停止时，控制其停于固定的位置，这是自动换刀所必需的功能。
108. （　　）数控机床由输入/输出装置、数控装置、驱动控制装置、机床电器逻辑控制装置四部分组成。
109. （　　）在开环系统中，丝杠副的接触变形将影响重复定位精度。
110. （　　）半闭环和全闭环位置反馈系统的根本差别在于位置传感器安装的位置不同，半闭环的位置传感器安装在工作台上，全闭环的位置传感器安装在电动机的轴上。
111. （　　）采用顺铣，要求铣床工作台进给丝杠螺母副必须有消除侧向间隙的机构，或采取其他有效措施。

112. （　　）数控机床发生故障时，按系统复位（RESET）键的处理方法，可排除因操作不当引起的软故障。

113. （　　）日常对机床进行预防性维护保养的宗旨是延长元器件的使用寿命，延长机械部件的磨损周期，防止意外事故的发生，使机床长时间稳定地工作。

114. （　　）设备的正常使用和做好设备的日常修理和维护保养工作，是使设备寿命周期费用经济合理和充分发挥设备综合效率的重要保证。

115. （　　）用内径百分表测量内孔时，必须摆动内径百分表，所得最大尺寸是孔的实际尺寸。

116. （　　）外径千分尺的测量精度可达千分之一毫米。

117. （　　）用塞规可以直接测量出孔的实际尺寸。

118. （　　）机床的几何精度、传动精度和定位精度，通常是在没有切削载荷以及机床不运动或运动速度较低的情况下检测的，故称为机床的静态精度。

119. （　　）数控机床切削精度检验又称为动态精度检验。

120. （　　）对于不同的CNC控制器，编辑软件需要使用不同的后置处理程序。

参考答案

一、选择题

1. [B]　2. [B]　3. [C]　4. [B]　5. [C]　6. [B]　7. [C]
8. [C]　9. [C]　10. [A]　11. [B]　12. [B]　13. [A]　14. [C]
15. [A]　16. [C]　17. [B]　18. [C]　19. [D]　20. [D]　21. [B]
22. [C]　23. [D]　24. [A]　25. [D]　26. [B]　27. [C]　28. [B]
29. [B]　30. [B]　31. [B]　32. [B]　33. [C]　34. [A]　35. [A]
36. [B]　37. [D]　38. [A]　39. [B]　40. [C]　41. [C]　42. [C]
43. [C]　44. [D]　45. [D]　46. [C]　47. [C]　48. [A]　49. [D]
50. [B]　51. [B]　52. [B]　53. [A]　54. [C]　55. [B]　56. [C]
57. [B]　58. [A]　59. [B]　60. [C]　61. [D]　62. [A]　63. [B]
64. [C]　65. [B]　66. [A]　67. [C]　68. [D]　69. [C]　70. [A]
71. [D]　72. [D]　73. [B]　74. [C]　75. [D]　76. [C]　77. [D]
78. [B]　79. [D]　80. [D]　81. [A]　82. [B]　83. [C]　84. [D]
85. [C]　86. [A]　87. [B]　88. [C]　89. [D]　90. [B]　91. [C]
92. [D]　93. [D]　94. [C]　95. [C]　96. [C]　97. [C]　98. [A]
99. [B]　100. [B]　101. [A]　102. [B]　103. [A]　104. [A]　105. [A]
106. [B]　107. [C]　108. [D]　109. [B]　110. [C]　111. [D]　112. [A]

113. [D]	114. [D]	115. [A]	116. [A]	117. [C]	118. [A]	119. [A]
120. [C]	121. [A]	122. [D]	123. [D]	124. [B]	125. [D]	126. [C]
127. [C]	128. [B]	129. [A]	130. [B]	131. [D]	132. [B]	133. [A]
134. [D]	135. [B]	136. [B]	137. [D]	138. [B]	139. [B]	140. [C]
141. [C]	142. [C]	143. [A]	144. [C]	145. [D]	146. [D]	147. [B]
148. [D]	149. [B]	150. [C]				

二、判断题

1. √	2. √	3. ×	4. ×	5. √	6. ×	7. √
8. √	9. ×	10. √	11. √	12. ×	13. √	14. √
15. ×	16. √	17. ×	18. ×	19. ×	20. √	21. ×
22. √	23. ×	24. √	25. ×	26. ×	27. √	28. √
29. √	30. √	31. √	32. ×	33. √	34. ×	35. ×
36. √	37. ×	38. √	39. ×	40. ×	41. ×	42. ×
43. √	44. √	45. ×	46. ×	47. ×	48. ×	49. ×
50. √	51. ×	52. ×	53. √	54. √	55. √	56. ×
57. √	58. ×	59. √	60. √	61. √	62. √	63. √
64. ×	65. √	66. √	67. ×	68. ×	69. √	70. √
71. √	72. ×	73. √	74. ×	75. ×	76. ×	77. √
78. √	79. ×	80. √	81. √	82. ×	83. ×	84. √
85. √	86. √	87. ×	88. √	89. √	90. √	91. √
92. ×	93. √	94. √	95. ×	96. √	97. √	98. √
99. ×	100. √	101. √	102. √	103. ×	104. ×	105. √
106. √	107. √	108. ×	109. √	110. ×	111. √	112. √
113. √	114. √	115. √	116. ×	117. ×	118. √	119. √
120. √						

附录二　数控铣工国家职业标准

1. 职业概况

1.1　职业名称

数控铣工。

1.2　职业定义

从事编制数控加工程序并操作数控铣床进行零件铣削加工的人员。

1.3　职业等级

本职业共设四个等级，分别为：中级（国家职业资格四级）、高级（国家职业资格三级）、技师（国家职业资格二级）、高级技师（国家职业资格一级）。

1.4　职业环境

室内、常温。

1.5　职业能力特征

具有较强的计算能力和空间感，形体知觉及色觉正常，手指、手臂灵活，动作协调；具有较强的数控铣削加工程序编制能力；能够操作数控铣床进行零件加工；能对数控铣床进行日常维护和保养；能遵守数控铣工操作规范。

1.6　培训场地设备

满足教学要求的标准教室、计算机机房及配套的软件、数控铣床及必要的刀具、夹具、量具和辅助设备等。

1.7　鉴定方式

分为理论知识考试和技能操作考核。理论知识考试采用闭卷方式，技能操作（含软件应用）考核采用现场实际操作和计算机软件操作方式。理论知识考试和技能操作（含软件应用）考核均实行百分制，成绩皆达60分及以上者为合格。技师和高级技师还需进行综合评审。

1.8　鉴定时间

理论知识考试为120分钟，技能操作考核中实操时间为：中级、高级不少于240分钟，技师和高级技师不少于300分钟，技能操作考核中软件应用考试时间为不超过120分钟，技师和高级技师的综合评审时间不少于45分钟。

1.9　鉴定场所设备

理论知识考试在标准教室里进行，软件应用考试在计算机机房进行，技能操作考核在配备必要的数控铣床及必要的刀具、夹具、量具和辅助设备的场所进行。

2. 基本要求

2.1 职业道德

2.1.1 职业道德基本知识

（略）

2.1.2 职业守则

（1）遵守国家法律、法规和有关规定；

（2）具有高度的责任心、爱岗敬业、团结合作；

（3）严格执行相关标准、工作程序与规范、工艺文件和安全操作规程；

（4）学习新知识新技能、勇于开拓和创新；

（5）爱护设备、系统及工具、夹具、量具；

（6）着装整洁，符合规定；保持工作环境清洁有序，文明生产。

2.2 基础知识

2.2.1 基础理论知识

（1）机械制图；

（2）工程材料及金属热处理知识；

（3）机电控制知识；

（4）计算机基础知识；

（5）专业英语基础。

2.2.2 机械加工基础知识

（1）机械原理；

（2）常用设备知识（分类、用途、基本结构及维护保养方法）；

（3）常用金属切削刀具知识；

（4）典型零件加工工艺；

（5）设备润滑和冷却液的使用方法；

（6）工具、夹具、量具的使用与维护知识；

（7）铣工、镗工基本操作知识。

2.2.3 安全文明生产与环境保护知识

（1）安全操作与劳动保护知识；

（2）文明生产知识；

（3）环境保护知识。

2.2.4 质量管理知识

（1）企业的质量方针；

（2）岗位质量要求；

（3）岗位质量保证措施与责任。

2.2.5 相关法律、法规知识

（1）劳动法的相关知识；

（2）环境保护法的相关知识；

（3）知识产权保护法的相关知识。

3. 工作要求

本标准对中级、高级、技师和高级技师的技能要求依次递进，高级别涵盖低级别的要求。

3.1 中级

职业功能	工作内容	技能要求	相关知识
一、加工准备	（一）读图与绘图	1. 能读懂中等复杂程度（如：凸轮、壳体、板状、支架）的工件图； 2. 能绘制有沟槽、台阶、斜面、曲面的简单工件图； 3. 能读懂分度头尾架、弹簧夹头套筒、可转位铣刀结构等简单机构装配图	1. 复杂工件的表达方法； 2. 简单工件图的画法； 3. 工件三视图、局部视图和剖视图的画法
	（二）制定加工工艺	1. 能读懂复杂工件的铣削加工工艺文件； 2. 能编制由直线、圆弧等构成的二维轮廓工件的铣削加工工艺文件	1. 数控加工工艺知识； 2. 数控加工工艺文件的制定方法
	（三）零件定位与装夹	1. 能使用铣削加工常用夹具（如压板、虎钳、平口钳等）装夹工件； 2. 能够选择定位基准，并找正工件	1. 常用夹具的使用方法； 2. 定位与夹紧的原理和方法； 3. 工件找正的方法
	（四）刀具准备	1. 能够根据数控加工工艺文件选择、安装和调整数控铣床常用刀具； 2. 能根据数控铣床特性、工件材料、加工精度、工作效率等选择刀具和刀具几何参数，并确定数控加工需要的切削参数和切削用量； 3. 能够利用数控铣床的功能，借助通用量具或对刀仪测量刀具的半径及长度； 4. 能选择、安装和使用刀柄； 5. 能够刃磨常用刀具	1. 金属切削与刀具磨损知识； 2. 数控铣床常用刀具的种类、结构、材料和特点； 3. 数控铣床、工件材料、加工精度和工作效率对刀具的要求； 4. 刀具长度补偿、半径补偿等刀具参数的设置知识； 5. 刀柄的分类和使用方法； 6. 刀具刃磨的方法
二、数控编程	（一）手工编程	1. 能编制由直线、圆弧组成的二维轮廓数控加工程序； 2. 能够运用固定循环、子程序进行工件的加工程序编制	1. 数控编程知识； 2. 直线插补和圆弧插补的原理； 3. 节点的计算方法
	（二）计算机辅助编程	1. 能够使用CAD/CAM软件绘制简单工件图； 2. 能够利用CAD/CAM软件完成简单平面轮廓的铣削程序	1. CAD/CAM软件的使用方法； 2. 平面轮廓的绘图与加工代码的生成方法

续表

职业功能	工作内容	技能要求	相关知识
三、数控铣床操作	（一）操作面板	1. 能够按照操作规程启动及停止机床； 2. 能使用操作面板上的常用功能键（如回零、手动、MDI、修调等）	1. 数控铣床操作说明书； 2. 数控铣床操作面板的使用方法
	（二）程序输入与编辑	1. 能够通过各种途径（如 DNC、网络）输入加工程序； 2. 能够通过操作面板输入和编辑加工程序	1. 数控加工程序的输入方法； 2. 数控加工程序的编辑方法
	（三）对刀	1. 能进行对刀并确定相关坐标系； 2. 能设置刀具参数	1. 对刀的方法； 2. 坐标系的知识； 3. 建立刀具参数表或文件的方法
	（四）程序调试与运行	能够进行程序检验、单步执行、空运行并完成工件试切	程序调试的方法
	（五）参数设置	能够通过操作面板输入有关参数	数控系统中相关参数的输入方法
四、工件加工	（一）平面加工	能够运用数控加工程序进行平面、垂直面、斜面、阶梯面等的铣削加工，并达到如下要求： （1）尺寸公差等级达 IT7 级； （2）形位公差等级达 IT8 级； （3）表面粗糙度达 Ra 3.2	1. 平面铣削的基本知识； 2. 刀具端刃的切削特点
	（二）轮廓加工	能够运用数控加工程序进行由直线、圆弧组成的平面轮廓铣削加工，并达到如下要求： （1）尺寸公差等级达 IT8； （2）形位公差等级达 IT8 级； （3）表面粗糙度达 Ra 3.2	1. 平面轮廓铣削的基本知识； 2. 刀具侧刃的切削特点
	（三）曲面加工	能够运用数控加工程序进行圆锥面、圆柱面等简单曲面的铣削加工，并达到如下要求： （1）尺寸公差等级达 IT8； （2）形位公差等级达 IT8 级； （3）表面粗糙度达 Ra 3.2	1. 曲面铣削的基本知识； 2. 球头刀具的切削特点
	（四）孔类加工	能够运用数控加工程序进行孔加工，并达到如下要求： （1）尺寸公差等级达 IT7； （2）形位公差等级达 IT8 级； （3）表面粗糙度达 Ra 3.2	麻花钻、扩孔钻、丝锥、镗刀及铰刀的加工方法

续表

职业功能	工作内容	技能要求	相关知识
四、工件加工	(五) 槽类加工	能够运用数控加工程序进行槽、键槽的加工，并达到如下要求： (1) 尺寸公差等级达 IT8； (2) 形位公差等级达 IT8 级； (3) 表面粗糙度达 $Ra\ 3.2$	槽、键槽的加工方法
	(六) 精度检验	能够使用常用量具进行工件的精度检验	1. 常用量具的使用方法； 2. 工件精度检验及测量方法
五、维护与故障诊断	(一) 机床日常维护	能够根据说明书完成数控铣床的定期及不定期维护保养，包括：机械、电、气、液压、数控系统检查和日常保养等	1. 数控铣床说明书； 2. 数控铣床日常保养方法； 3. 数控铣床操作规程； 4. 数控系统（进口、国产数控系统）说明书
	(二) 机床故障诊断	1. 能读懂数控系统的报警信息； 2. 能发现数控铣床的一般故障	1. 数控系统的报警信息； 2. 机床的故障诊断方法
	(三) 机床精度检查	能进行机床水平的检查	1. 水平仪的使用方法； 2. 机床垫铁的调整方法

3.2 高级

职业功能	工作内容	技能要求	相关知识
一、加工准备	(一) 读图与绘图	1. 能读懂装配图并拆画工件图； 2. 能够测绘工件； 3. 能够读懂数控铣床主轴系统、进给系统的机构装配图	1. 根据装配图拆画工件图的方法； 2. 工件的测绘方法； 3. 数控铣床主轴与进给系统基本构造知识
	(二) 制定加工工艺	能编制二维、简单三维曲面工件的铣削加工工艺文件	复杂工件数控加工工艺的制定
	(三) 工件定位与装夹	1. 能选择和使用组合夹具和专用夹具； 2. 能选择和使用专用夹具装夹异型工件； 3. 能分析并计算夹具的定位误差； 4. 能够设计与自制装夹辅具（如轴套、定位件等）	1. 数控铣床组合夹具和专用夹具的使用、调整方法； 2. 专用夹具的使用方法； 3. 夹具定位误差的分析与计算方法； 4. 装夹辅具的设计与制造方法
	(四) 刀具准备	1. 能够选用专用工具（刀具和其他）； 2. 能够根据难加工材料的特点，选择刀具的材料、结构和几何参数	1. 专用刀具的种类、用途、特点和刃磨方法； 2. 切削难加工材料时的刀具材料和几何参数的确定方法

续表

职业功能	工作内容	技能要求	相关知识
二、数控编程	（一）手工编程	1. 能够编制较复杂的二维轮廓铣削程序； 2. 能够根据加工要求编制二次曲面的铣削程序； 3. 能够运用固定循环、子程序进行工件的加工程序编制； 4. 能够进行变量编程	1. 较复杂二维节点的计算方法； 2. 二次曲面几何体外轮廓节点计算； 3. 固定循环和子程序的编程方法； 4. 变量编程的规则和方法
	（二）计算机辅助编程	1. 能够利用 CAD/CAM 软件进行中等复杂程度的实体造型（含曲面造型）； 2. 能够生成平面轮廓、平面区域、三维曲面、曲面轮廓、曲面区域、曲线的刀具轨迹； 3. 能进行刀具参数的设定； 4. 能进行加工参数的设置； 5. 能确定刀具的切入切出位置与轨迹； 6. 能够编辑刀具轨迹； 7. 能够根据不同的数控系统生成 G 代码	1. 实体造型的方法； 2. 曲面造型的方法； 3. 刀具参数的设置方法； 4. 刀具轨迹生成的方法； 5. 各种材料切削用量的数据； 6. 有关刀具切入切出的方法对加工质量影响的知识； 7. 轨迹编辑的方法； 8. 后置处理程序的设置和使用方法
	（三）数控加工仿真	能利用数控加工仿真软件实施加工过程仿真、加工代码检查与干涉检查	数控加工仿真软件的使用方法
三、数控铣床操作	（一）程序调试与运行	能够在机床中断加工后正确恢复加工	程序的中断与恢复加工的方法
	（二）参数设置	能够依据工件特点设置相关参数进行加工	数控系统参数设置的方法
四、工件加工	（一）平面铣削	能够编制数控加工程序铣削平面、垂直面、斜面、阶梯面等，并达到如下要求： （1）尺寸公差等级达 IT7； （2）形位公差等级达 IT8 级； （3）表面粗糙度达 *Ra* 3.2	1. 平面铣削精度控制方法； 2. 刀具端刃几何形状的选择方法
	（二）轮廓加工	能够编制数控加工程序铣削较复杂的（如凸轮等）平面轮廓，并达到如下要求： （1）尺寸公差等级达 IT8； （2）形位公差等级达 IT8 级； （3）表面粗糙度达 *Ra* 3.2	1. 平面轮廓铣削的精度控制方法； 2. 刀具侧刃几何形状的选择方法

续表

职业功能	工作内容	技能要求	相关知识
四、工件加工	（三）曲面加工	能够编制数控加工程序铣削二次曲面，并达到如下要求： （1）尺寸公差等级达 IT8； （2）形位公差等级达 IT8 级； （3）表面粗糙度达 Ra 3.2	1. 二次曲面的计算方法； 2. 刀具影响曲面加工精度的因素以及控制方法
	（四）孔系加工	能够编制数控加工程序对孔系进行切削加工，并达到如下要求： （1）尺寸公差等级达 IT7； （2）形位公差等级达 IT8 级； （3）表面粗糙度达 Ra 3.2	麻花钻、扩孔钻、丝锥、镗刀及铰刀的加工方法
	（五）深槽加工	能够编制数控加工程序进行深槽、三维槽的加工，并达到如下要求： （1）尺寸公差等级达 IT8； （2）形位公差等级达 IT8 级； （3）表面粗糙度达 Ra 3.2	深槽、三维槽的加工方法
	（六）配合件加工	能够编制数控加工程序进行配合件加工，尺寸配合公差等级达 IT8	1. 配合件的加工方法； 2. 尺寸链换算的方法
	（七）精度检验	1. 能够利用数控系统的功能使用百（千）分表测量工件的精度； 2. 能对复杂、异形工件进行精度检验； 3. 能够根据测量结果分析产生误差的原因； 4. 能够通过修正刀具补偿值和修正程序来减少加工误差	1. 复杂、异形工件的精度检验方法； 2. 产生加工误差的主要原因及其消除方法
五、维护与故障诊断	（一）日常维护	能完成数控铣床的定期维护	数控铣床定期维护手册
	（二）故障诊断	能排除数控铣床的常见机械故障	机床的常见机械故障诊断方法
	（三）机床精度检验	能协助检验机床的各种出厂精度	机床精度的基本知识

4. 比重表

4.1 理论知识

%

	项　　目	中级	高级	技师	高级技师
基本要求	职业道德	5	5	5	5
	基础知识	20	20	15	15
相关知识	加工准备	15	15	25	—
	数控编程	20	20	10	—
	数控铣床操作	5	5	5	—
	工件加工	30	30	20	15
	数控铣床维护与精度检验	5	5	10	10
	培训与管理	—	—	10	15
	工艺分析与设计	—	—	—	40
	合　　计	100	100	100	100

4.2 技能操作

%

	项　　目	中级	高级	技师	高级技师
技能要求	加工准备	10	10	10	—
	数控编程	30	30	30	—
	数控铣床操作	5	5	5	—
	工件加工	50	50	45	45
	数控铣床维护与精度检验	5	5	5	10
	培训与管理	—	—	5	10
	工艺分析与设计	—	—	—	35
	合　　计	100	100	100	100

参考文献

[1] 周麟彦. 数控铣床加工工艺与编程操作［M］. 北京：机械工业出版社，2009.

[2] 眭润舟. 数控编程与加工技术［M］. 北京：机械工业出版社，2001.

[3] 李锋，白一凡. 数控铣削变量编程实例教程［M］. 北京：化学工业出版社，2007.

[4] 施玉飞. 数控系统编程指令详解及综合实例［M］. 北京：化学工业出版社，2008.

[5] 陈海滨. 数控铣削（加工中心）实训与考级［M］. 北京：高等教育出版社，2008.

[6] 刘立. 数控车床编程与操作［M］. 北京：北京理工大学出版社，2006.

[7] 郑书华，张凤辰. 数控铣削编程与操作训练［M］. 北京：高等教育出版社，2006.

[8] 徐夏民. 数控铣工实习与考级［M］. 北京：高等教育出版社，2006.

[9] 国家职业资格培训教材编审委员会. 国家职业资格培训教程·数控铣削操作工（基础知识、中级技能）. 北京：中国劳动社会保障出版社，2000.

[10] 人力资源和社会保障部教材办公室. 职业技能鉴定指导·铣工［M］. 北京：中国劳动出版社，2004.

[11] 刘振强. 数控铣工项目训练教程［M］. 北京：高等教育出版社，2011.

[12] 胡翔云，龚善林，冯邦军. 数控铣削工艺与编程［M］. 北京：人民邮电出版社，2013.

[13] 中华人民共和国劳动与社会保障部. 数控铣工国家职业标准［S］. 2005.

[14] 娄海滨，董杨德. 数控铣床和加工中心技术实训［M］. 北京：人民邮电出版社，2012.